深海生物学への招待

しんかい6500の船体。この中にパイロット、コパイロットおよび研究者の3名が乗り込む耐圧殻が組み込まれている。(p39)

無人探査機、ドルフィン3K。(p159)

「深海の掃除機」ともいえるナマコたち。上がユメナマコ、下左がセンジュナマコ、下右がエボシナマコ。(p55)

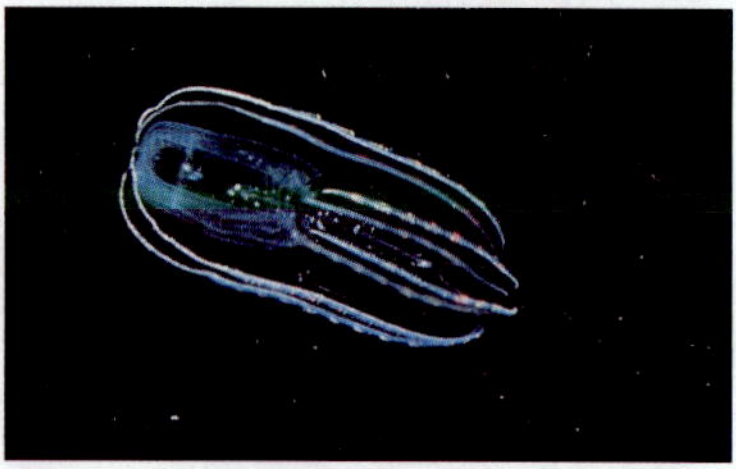

深海のクシクラゲ。体表の条線に並ぶたくさんの小さな櫛板をウェーブして泳ぐ。これが潜水船からの照明を反射すると、虹のような七色の光が流れていくように見える。(p29)

エイリアンの襲来をスローモーションで見ているかのような、ベニズワイガニの大群。(p61)

深海底で、流れてくる餌をキャッチする、ナイスキャッチャーたち。上がオトヒメノハナガサ、下左がオオキンヤギ、下右がマバラマキエダウミユリ。(p64)

これぞ、ザ·謎の深海生物、チューブワーム。

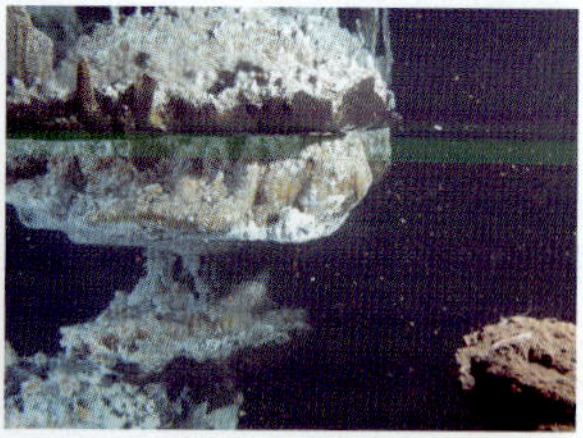

海底の熱水噴出孔にある煙突状の構造をチムニーと呼ぶ。黒煙のような熱水を噴き出すチムニーをブラック·スモーカーと呼び、無色透明な熱水を吐き出すチムニーをクリア·スモーカーと呼ぶ。左写真はインド洋中央海嶺 南部のブラック·スモーカー。(p116) 右は南西諸島 伊是名海穴の、ドラゴンチムニー。

捕まえようとすると、ムチのような腕はもろく千切れ落ちて、捕獲を免れ、残った腕をつかって意外な速さで逃げていくクモヒトデ。写真はツルクモヒトデ。(p71)

画像協力:海洋研究開発機構(クシクラゲの写真以外)

深海生物学への招待

長沼　毅

幻冬舎文庫

深海生物学への招待

目次

はじめに

深海に新たな生命観を求めて

太陽を食べる生態系

地球生態系におけるほとんど全ての食物連鎖は、植物による光合成、つまり太陽光を利用した生物生産に依存している。言い換えれば、地球生物のほとんど全てにとって、その生命の糧はつまるところ太陽光なのである。いや私は肉や魚ばかり食べている、という人もいるかもしれない。しかし、その肉や魚だって、食物連鎖という「食う・食われる」の関係をさかのぼっていけば、最後には必ず植物・太陽に行き着く。けっきょくのところ、われわれは太陽を食べているということになる。

では、太陽の光が届かない場所、例えば深海底の生態系は何に依存しているのだろう。これもやはり、大半は光合成に依存していると考えられてきた。しかし、深海で光合成が行なわれるはずはない。光合成が行なわれるのはあくまでも海洋表層に限られる。

海洋表層で光合成生産が行なわれるが、その全てが食物連鎖を通って消費されるわけではない。全体から見ればわずかな部分だが、食べ残しや食べ散らかしとして、あるいは糞や遺骸として、海底に降り沈んでいくものがある。これが深海生態系の食料供給源である。いってみれば、深海生態系は表層からのオコボレで細々と暮らしているようなものだが、元をただせばやはり光合成に依存しているといえるのだ。

しかし、このような静的な深海観は今やくつがえされようとしている。今でも深海の生態系の大半はやはり静的なことには違いないが、その一方で、われわれが今まで知っていた陸上や海洋表層のどんな生態系よりも動的な生態系の存在がわかってきた。それは熱水噴出孔やその周辺に密生する生物群集である。

地球を食べる生態系

熱水噴出孔に群がる生物は奇妙な生活をしていた。中でも、チューブワームという細長い管状の生物は特に奇妙だった。白い外筒の先端から赤い舌のような、あるいは花びらのようなものを水中に開いている。外筒は硬いが、中の生物本体は柔らかく、体の大半がソーセージ状である。驚いたことに、この生物は、大型動物のくせに口も消化管も肛門もない。まるで食べることを放棄した動物である。

では、このチューブワーム、栄養摂取はどうしているのだろう。答えを先にいってしまうと、体の大半を占めるソーセージ袋には共生バクテリア（細菌）が詰まっていて、そのバクテリアが化学合成（光合成に相当する生物生産過程）を行なって、宿主であるチューブワームへの栄養供給を行なっているのだ。では、そのバクテリアの栄養源はどこからくるのか。

化学合成バクテリアの栄養源は噴出する熱水中の化学成分（硫化水素やメタンなど）だった。

化学合成バクテリアはこれを栄養源にして微生物生産を行ない、熱水生態系の食物連鎖の起点となっている。熱水は海底から噴出する、いわば地球からの贈り物だ。すると、熱水生態系の生物はつまるところ地球を食べて生きていることになる。生態学における「コペルニクス的転回」といえるほどだ。

もちろん、実際の熱水系食物連鎖はこれほど単純ではない。最近では熱水生態系における化学合成の寄与はそれほど大きくない、という説も唱えられている。しかし、それでも、化学合成に依存した生物群集発見の有する意義はいささかも損なわれていない。それは、われわれの深海観を変えたからだ。

生命観のパラダイム転換

いや、熱水生態系の発見が有する本当の意義は、単に深海観を変えたことではなく、むしろ、われわれの生態観を変え、生命観を変え得(う)ることだろう。それは、従来の「太陽に依存した生命」に対抗する新しい生命パラダイムを提唱することであり、地球生命の誕生と進化あるいは宇宙における生命の考察に新たな視座を与えることである。

本書ではそのような深海生物の「生き様」を紹介し、生命の可能性を広く大きく考えてみる契機を作ってみたい。同時に、私の知り得た深海の驚きと不思議も交えて紹介し、多くの方と共有したいと考えている。

初めての深海体験

私の初めての深海体験は潜水調査船「しんかい二〇〇〇」第四〇一潜航だった。第四〇〇回という記念すべき潜航も無事終了し、明日はいよいよ私の初めての潜航だ。体重を計る、潜水船の説明を受ける、禁煙の注意を受ける（私は吸わないが）、一つ一つが新鮮な経験だった。

明日の好天を祈ってベッドに入る。翌朝、祈りが天に届いていた。潜水船チームがコーヒーを勧めてくれる。興奮した気持ちが落ち着いてくる。潜航は予定通り始まった。潜水船が水面に着き、窓外に泡が立つ。泳げない私は思わず息をこらえてしまう（私が泳げないことは秘密だ）。水の色が緑から青緑へ、やがて本当の青に変わっていく。

「高度一〇メートル」とパイロットがいうと「海底視認」とコパイが応える。私にも薄茶けた海底が見えた。生まれて初めてこの目で見る海底だ。駿河湾（するが）水深一九六〇メートルの海底だった。熱水噴出もなければ、奇妙な生物の群集もない。荒漠とした海底、いわゆる「深海砂漠」が続いていた。

しかし、どこからかクラゲの大群が漂ってきた。本当に大群だった。海洋表層からのオコボレで細々とやっているはずなのに、きっといろいろな自然の知恵で生活しているのだろう。こんな深海にも生き物がいるんだ、こんなにたくさんいるんだ、という驚きが感動に変わるのに時間はかからなかった。これが私の初めての深海体験だった。

チューブワームの花畑に迎えられて

四か月後、私は沖縄の洋上にいた。この船の下に熱水噴出孔がある、そこにチューブワームがいると思うと、待ちきれない気持ちを抑えられなかった。チューブワームに会いに行く旅、「しんかい二〇〇〇」第四二七潜航が始まった。

白っぽい硬質の海底には割れ目が縦横に走っていた。割れ目のいたるところから陽炎(かげろう)が立ち上っていた。熱水噴出だ。潜水船は熱水噴出孔ではなく、熱水噴出帯の真っ只中にいたのだ。あっちでもこっちでも陽炎が立つように熱水が噴き出す海底は迫力満点だった。割れ目の縁をよく見ると、焼きソバ状の塊があった。チューブワームだった。私が思っていたチューブワームはもっと太くてまっすぐで人の背丈くらいあった。しかし、ここのチューブワームはサイズも見ためも焼きソバだった。私は一気に親近感を覚えた。

熱水噴出帯の北には高さ五〇メートルくらいの小山がある。潜水船はこの山を上った。山の中腹を越えると焼きソバチューブワームが現われた。上に行けば行くほど多くなり、そのうち辺り一面チューブワームになった。潜水船はチューブワーム畑に降りた。クッションに乗るような柔らかみのある着底感を今でも覚えている。チューブワームに迎えられたような気がした。

チューブワームなんてグロテスクだし、イオウ臭くて触りたくもない、というのがチューブワームを見た人の大方の感想だろう。でも、私は幸運だった。初めて見たその瞬間からチューブワームに親しみを覚えたのだから。チューブワームとの出会いはほのぼのとした幸福感に包まれていた。

チューブワームに学ぶ

チューブワームは一九七七年に初めて発見された不思議な深海生物で、その生き方はわれわれの想像を超えている。チューブワームには口も消化管もない。その代わり、体内に共生バクテリアを持っていて、これが栄養を供給してくれる。でも、どうやって？

チューブワームを知れば知るほど、その不思議さのとりこになる。その生理、生態、分類、進化を学べば学ぶほど、もっと知りたくなる。どこに住んでいるのか、なぜここに住んでいるのか、いつからここにいて、いつまでここにいるのか。何が好きなのか。仲間はいるのか。こんな魅力的な生き物ってめったにいない、と思う。

チューブワームを知ることは生命の多様性・連続性・可能性を知ることだ。深海の暗闇の中を一つの熱水噴出孔から次の熱水噴出孔へ分布を広げ、ひっそりと数億年を生き延びてきたチューブワームは生命の歴史の物いわぬ証人だ。このチューブワームを前にすると、私は柄にもなくおとなしくなる。自分の知らない世界をチューブワームは知っている、自分の知らない時間をチューブワームは知っている。そう思うと偉そうなことをいえなくなる。チューブワームを通して知った生命の不思議を一人でも多くの方に伝えたい。深海で体験した感動を一人でも多くの方と共有したい。本書がその媒体（メディア）になれば、と願っている。

第一章
深海アナザーワールド

アナザーワールドへの旅立ち

「スイマー、スタンバイ！」船内放送が入った。緊張感が走る。

海上支援員がウエットスーツに身を包み、小型艇ごと海面に降りていく。

潜水船船長（パイロット）、船長補佐（コパイ）、そして観察者の一チーム三名が潜水調査船「しんかい二〇〇〇」に乗り込む。

「AC電源切り換え」「AC電源NFB（No-Fuse Breaker）」「オン！」

「一番酸素分圧計」「スイッチオン」

潜航準備の真剣なやりとりが続く。

「バッテリーメインスイッチ」「オン」

「深度計電源」「オン」

「圧力検出器電源」「オン」

潜水船の外、母船「なつしま」の甲板上でも、人々が忙しく働いている。

「台車ラッシング（固定）解放せよ」マイクを通した指令が響く。

「潜水船引き出せ」潜水船を乗せた台車が甲板後部へ動いていく。

「Aフレーム振込みスロー」

これから「しんかい二〇〇〇」を吊り上げて海面に降ろすのだ。

「潜水船着水用意よし」と潜水船船長が伝える。

「潜水船を着水させる」と母船上の司令からゴーサイン。

「固定金具、脱。ホイスト巻出し、（着水）停止」

潜水船内は最終チェックに入っている。

「各部異常なし、潜航用意よし！」「ベント弁全開」

浮力タンクに海水が入り、空気がプシューと押し出される。「しんかい二〇〇〇」の潮吹きだ。深海への旅が始まる。

青いトワイライトゾーン

潜水船はもう海中だ。潜るときに巻き込んだ気泡が上へ去る。水深一〇メートルほどで揺れが全くなくなる。さっきまで海面でチャプチャプやっていたのが嘘のように静かだ。これから何時間かは船酔いからも解放される。

窓外ではいろいろな浮遊物が上へ上へと過ぎていく。実際には浮遊物も沈降しているのだが、潜水船のほうが速く下降するので、浮遊物が上へあがるように見えるのだ（「しんかい二〇〇〇」の下降・上昇速度は毎分二〇メートル前後）。この浮遊物はプランクトンやその遺骸など、いわゆるマリンスノーである。ただし、上にあがっていくスノーだ。背景のエメラルドグリーンが美しい。この水深ではまだ植物プランクトンが多いのと、黄や緑の光が多いからだ。

やがて、窓外が薄暗くなり、色も青みが増してくる。ここまで潜ると赤やオレンジはもちろん、黄や緑さえ達しない。いちばん深くまで透過するのは青い光だ。海はやはり青の世界なのだ。

海中の世界を支配する青。その青もだんだん濃く黒くなってくる。青いトワイライトゾーンだ。日本語の「赤い・黒い」は「明るい・暗い」に語源があるというが、それが体感できる。船長にお願いして潜水船の照明を落としてもらう。窓外はもう真っ暗だ。が、眼(め)が慣れてくると、潜水船の装備がほのかに見える。あぁ、こんなに深くても光は届くんだ、と感慨深い。太陽光こそ地球の生命を育む源、それがこんな深くまで達している。深度計は一〇〇メートルを超えたところだ。

青の世界の住人たち

海中世界では深くなればなるほど青の優占度が高くなる。海は青い、というが、海の中が青いのだ。青の世界では赤い物体は黒く見える。赤色の物体は青色光を吸収するからだ。したがって、深海には赤色の生き物が多い。エビやカニ、ナマコ、イソギンチャクなど、赤色が目につく。同様に黒色も多い。いずれも、できるだけ黒く、暗くなって背景の闇に隠れるためのカムフラージュだ。

海中では光が散乱する。直接の入射光より散乱光のほうが優勢だ。したがって、光がどちらから差し込んでいるのかわからなくなる。深いところでは、光の入射方向にかかわらず、常に天頂がいちばん明るく、周辺になるほど暗くなる。

さて、黒い物体を上から見ると背景の暗黒にまぎれてしまうが、下から見上げると明るい背景に黒点が目立つ。このため、ある生き物は体を透明に近づけて明るい背景でも目立たないようにした。また、別の生き物は体の下方に発光器を備えて、明るい背景に溶け込もうとした。いわゆる生物発光（バイオルミネッセンス）である。

海中では青色光がよく透過する。したがって、生物発光にも青色光が多い。しかし、生物発光をサーチライトにして餌（えさ）を探すとしたら青い光では損だ。深海には赤い生物が多いが、青い光では赤色の生き物は見えない。そこで、ある深海魚は考えた。発光器に赤色化フィルターをつけ、眼も赤色をよく感知するように適応したのである。エソの仲間がそれだ。

巧妙な色仕掛け、というと誤解されかねないが、深海はこんなトリックがいっぱいの世界だ。

どれだけ深ければ深海か

背の高い人ほど／水平線は遠くなる
どういう人ほど／海は深くなるか

という詩の一節がある（川崎洋「海」）。では、どれほど深ければ「深い」といえるのだろう。

ダイビングを楽しむ方には、水深一〇〇メートルはもう深海だろう。現在、素潜りの最深記録は二一四メートル前後だそうだが、どんなに美しく澄んだ海でも一〇〇メートルも潜れば薄暮であり、足下には無限とも思える暗黒が広がっている。最も清澄な海でさえ、水深一〇〇メートルに届く光は海面の一パーセント前後、さらに水深一〇〇〇メートルに達するのは一〇〇兆分の一しかない。しかし、ある種の深海魚は、こんな微弱な、ほとんど光量子数個分の光を感知し得るというのだから驚きだ。この魚眼の光量子キャッチ能力は人間の眼の一五〜三〇倍もあるそうだ。

生態学的には、植物が光合成を行なう有光層より深いところ、おおむね二〇〇メートル以深を深海という（大型植物の生息最深記録は水深約二七〇メートル）。ただし、水深一〇〇〇メートルくらいまでは、光合成ができないにしても感知し得る光はあるわけで、弱光層という。そして、これより深いところを無光層といい、冥界（みょうかい）にもたとえられる暗黒の世界になる。

また、地質学的には、大陸棚よりも深いところを深海というようだが、今のところ、これもまたおおむね二〇〇メートル以深である（大陸棚縁辺の平均深度は一三〇メートル）。ただし「今のところ」というのは地質学的時間尺ではほんの一瞬でしかない。氷河期の海面は現在より一〇〇メートル以上低かったというし、地球温暖化で南極やグリーンランドの氷冠が全て溶けると海面が七〇メートルも上昇するという。

何メートル以深なら深海、という議論には深入りしないが、海洋の平均深度約三八〇〇メートル以深を深海とする厳格な意見や、まあ一〇〇〇メートルもあればいいんじゃない、という柔軟な意見もあることを付け加えておく。

海の大半を占める深海

とにかく海は深い。海洋の平均深度は約三八〇〇メートル。一方、陸地の平均高度は約八四〇メートルしかない。使い古された表現だが、陸地を全部平らにすると、地球は水深約三〇〇〇メートルの〝海球〟になる。

海洋全体で、水深一〇〇〇メートル以深の部分は面積で八八パーセント、体積で七五パーセント以上を占める。基準を甘くして水深二〇〇メートル以深で見ると、面積で九二パーセント、体積では九五パーセントにもなる。

後で述べるが、海洋の最深部にも生物の住むことがわかっている。つまり、海洋は表面からその最も深いところまでが生物圏（バイオスフェア）である。一方、陸上バイオスフェアを地表から地上三〇メートルまでと考えよう。すると、海洋バイオスフェアは陸上バイオスフェアの体積の約三〇〇倍となり、そのうち深海バイオスフェアは二〇〇倍分以上にもなる。

海洋の大半は深海である。地球生命圏の大半は深海バイオスフェアである。われわれは今まで深海を知らずに海を語ってきた。深海を知らずにバイオスフェアを知った気になっていた。しかし、本当のところは、われわれは表面的にしか海を知らなかったのだ。文字通り表面的にしか。

わたしは／都合のいい時だけ／
自分にとって好ましい海の表情を／盗み見てきたことになる……
海のぜんぶを見ることなぞ／とうてい／適えられることではない

（川崎洋「海」より）

今、われわれはようやく深海を知りはじめた。やっと深海を旅するようになった。深海というアナザーワールド（新界）を。

深海に満ちる生命の光

屋外は真ッ闇　闇の闇（中原中也「サーカス」より）

さすがに水深四〇〇メートルを超えると、鼻先さえ見えなくなる。静かに下降する潜水船。われわれは今、深海という無限の闇と巨大な沈黙に呑み込まれている。絶対的な孤独感が重い。送風ファンの音と人間の息づかいがありがたい。自分以外の存在がこんなにもありがたいとは。

と、闇にポッと光点が浮かんだ。眼を凝らすとここにもあそこにも光点が。瞳孔が拡大し、網膜の光感度が最大になる。「闇の闇」のはずなのに、ここには無数の光点が、瞬いては消え、消えては瞬く。無数に、いや、そんな形容でいいのだろうか。この巨大な深海には、いったいどれだけの光点があるのだろう。潜水船は光点に包まれ、無数の星の中をゆっくりと進んでいた。深海は光に満ちている！　この感動を誰かに伝えたい、と思った。光に満ちた暗闇、今やこれは矛盾ではない。深海アナザーワールドでは、これが現実なのだ。

光点の正体は浮遊生物の発光（生物発光）だ。「蛍の光、窓の雪……」とは生物発光を照明にした刻苦勉励の唄だそうだが、発光オキアミ六匹で新聞が読めるらしい。第二次世界大戦では日本軍がウミホタル発光の利用を計画したという。

海洋生物には発光するものが多い。豊富に存在する動物グループ（あるいはその近縁グループ）はほとんど光る、といってもよい。ただ一つ、ヤムシ類だけは豊富なのに光らないとされていた。しかし、最近、光るヤムシが発見され、例外がなくなってしまった。

窓外に見える光点のほとんどは小さな生き物だ。あんな小さな生き物が、自ら光を発してその存在を示している。何と健気（けなげ）な、生命の光だ！　何のために光る？　光るために光る！生きるために生きる。眼にも見えないような小さな生き物に、いのちの意味を教えられたような気がした。

光と影

残念だが、この生命の光はカメラでは捕えられない。光が微弱すぎるのだ。いくら無数にあるといっても、深海に満ち満ちているといっても、それでもまだフィルムに写すには足りないくらい微弱だ。高性能の光検出器や増幅器を使えば映像化できるのかもしれない。でも、イマジネーションという増幅作用には、どんな機械もかなわないだろう。

アーサー・C・クラークというSF作家の『海底牧場』という物語にも深海の生物発光が描かれている。クラークは実際に見たのだろうか、迫真の筆致だ。「小さな光の閃きが見えた。時折、きらめく銀河のようなものがあらわれ、またたちまちに消えていった。あのもう一つの銀河とて、永遠を背景に眺めるときは、これ以上に長く存続しないし、これ以上に重大なものでもない」

クシクラゲだろう、体表を八列の条線が放射状に走り、窓から漏れるかすかな光を受けて七色に輝く。体表の条線には櫛板（くしいた）という繊毛（せんもう）板が何枚も重なって並んでいる。櫛板は波が伝わるように協調的に動く。まるでスタジアムの大観衆がウェーブするようだ。これがクシクラゲの移動方法だ。櫛板は高性能のプリズム兼反射板なので、そのウェーブのおかげで虹の七色変化が見られるのだ。

ときおり何かゼラチン質の生き物が潜水船にぶつかり、その衝撃で発光する。「フラッシュ」という瞬間的だが強い光だ。潜水船の装備が闇の中に照らし出され、その影さえつくほどだ。そういえば、「影」という言葉には光という意味もあった。光と影は同一の存在か。先人の洞察に感服する瞬間だ。

厳寒の深海世界

深度計の数字が増えていく。しかし、下降感は全くない。おまけに、潜水船の船首方位（ヘディング）を示す数字も刻々と変わっているのに、つまり潜水船が時計の針よろしくクルクル回っているのに、その回転感さえない（海洋科学技術センター運航部によると、右回りか左回りかは一定せず、下降中に変わることもある）。日常生活では味わえない絶対的静止感だ。何にも感じないことに感動する、これもまた深海旅行の醍醐味なのに違いない。

気がつくと何やら肌寒い。水温は四度を切っている。どうやら水温躍層を越えたらしい。海洋では、表面の数メートルから数十メートルは海水がよく混合し、温度変化が小さい。そこから下は深くなるにつれ水温が急に低下し、おおむね五〇〇～六〇〇メートル以深で温度がほぼ一定になる。水温変化が特に大きい層をさして水温躍層といい、季節的なものは水深二〇〇～四〇〇メートル、永久的なものは水深四〇〇～六〇〇メートルくらいに見られる。表層と深海は距離以上に、水温躍層という壁で隔てられている。

水温躍層下の水温は四度以下で、深くなるにつれて緩（ゆる）やかに低下する。本当に深くなると水圧による海水圧縮で水温が上がるが、それは高性能の温度計でやっと計れる程度だ。日本海など冷たい海では一～〇度まで下がることもあり、まさに身も凍る寒さだ。潜水船には暖房設備がない。船内温度は外水温に限りなく近づく。耐圧殻の内壁が結露しはじめる。こうなると、持ってきた防寒服の出番だ。これは「しんかい二〇〇〇」の特注品で、綿入りのツナギあるいは全身ダウンジャケットのような服だ。つまさきまでスッポリと覆ってくれるのがありがたい。経験豊富な船長とコパイはさらにトレーナーや厚手の靴下を持参してきている。観察時は窓枠に額をあてるので、スキー帽もあると便利だ。さもないと頭がジンジン冷えてしまう。

重い水と軽い水

海の表面と深海を隔てる壁、それは水温躍層である。しかし、本当の壁は密度躍層である。海水の密度は水温と塩分と圧力で決まり、水温の影響が大きければ水温躍層、塩分の影響が強ければ塩分躍層と呼ばれる。密度は水の混合・拡散を左右し、密度の異なる液体はそのままでは混ざりにくい。

真水でも塩水でも水は水、と思う。しかし、真水と塩水をコップにジャーッと注ぐのならともかく、静かに接触させると混ざらない。そして、塩水（重い水）は下、真水（軽い水）は上、という層構造ができる（成層）。海では長い年月をかけて、重い水が深いところにたまり、軽い水は表面に集まった。表面水と深海水の密度差は千分の二とか三という程度だが、こんなわずかな差が海の鉛直構造を形成する。

密度の違いはわれわれの想像以上に重要である。海では場所によって、表面近くに密度躍層のできることがある。ここを船が通ると、スクリューはもっぱら下の水だけを掻くことになり（内部波生成）、推進効率が悪くなる。昔はこれを「船幽霊」とか「ひき幽霊」と呼び、このような水を「死水」といったらしい。馬力の小さかった時代には船が全く進まなくなることもあったらしく、かなり恐れられたそうだ。

下にたまった水は上の水と混ざらないし、上がってくることもない。しかし、時としてそれが上がってくると厄介なことにもなる。東京湾奥部では、表面水が風で湾央へ吹送されるとそれを補うように下の水が上がってくる。この水は海底のヘドロ分解に酸素を使い尽くした酸欠水であり、付近の養殖などに悪影響をおよぼす。いわゆる「青潮」である。

深海はなぜ四度より冷たい

イソップ寓話『北風と太陽』にもあるように、太陽は温かさを与えてくれる。海の表面は太陽で温められ、太陽光の届かない深海は冷たい。熱の移動経路は放射・対流（混合）・伝導のみだが、海中には太陽のような巨大な放射体はない。表面と深海の間には対流（混合）もない。したがって、伝導のみで細々と温められているのが深海だ。海洋の平均表面温度は一七・五度、海水全体の平均温度はたったの三・五度、という事実がそれを伝えてくれる。

深海には太陽光が届かない。しかし、深海が冷たい理由はそれだけではない。深海の水は生まれながらに冷たいのだ。深海の水は南極沖やグリーンランド沖で生まれる。寒冷な気候で海水が徹底的に冷却され、密度が大きくなる（冷たい水ほど重い）。おまけに海氷ができるとき、氷はできるだけ真水になろうとして塩分を排出し、周りの海水の塩分が増す。こうしてできた重い水が深海まで一気に沈降し、世界の海底へ広がっていく。

ところで、理科の授業で「水は四度のとき密度が最大で、それより温かくても、それより冷たくても密度は軽い。だから、池の水は表面から凍るのだ」と教わった。では、深海の水はなぜ四度以下なのだろう。答えは理科の授業は真水の話で、深海の水は塩水だというところにある。確かに真水なら四度で最大密度になる。しかし、塩が溶けると最大密度になる温度が低下し、塩分二・四七パーセントで氷点と一致する。このときの氷点はマイナス一・三三度で、これ以上の塩分では常に氷点で最大密度になる。海水の平均塩分は三・四七パーセント（氷点は一気圧でマイナス一・九度）なので、海水は冷えれば冷えるほど重くなり、四度以下の水が深海に沈降することになる（塩分とはおおむね海水一リットル中の塩分グラムである）。

深海も昔は温かかった

昔、といっても一億年とか二億年前の中生代（ジュラ紀〜白亜紀）の恐竜が歩き回っていた頃、地球の気候は全般的に温和で、南極や北極も今より温かかった。また、南極はまだ他の大陸とつながっており、南極を一周する海流がなかった。これは南極沿いの海流は必ず大陸塊にぶつかって赤道方面に北上し、陸塊の反対側では赤道方面からの南下海流があるということだ。したがって、南極や北極で海水の冷却は進まず、ここで重い水つまり深海水は作られなかったことになる。

深海水になるには重ければよいわけで、冷却がダメならば、高塩分化で重くなればよい。恐竜時代には、赤道域の海が温められて海水の蒸発が盛んになり、陸近くの海では高塩分水（かん水）が作られた。一〜二億年前にはこの高温・高塩分水が沈降し、深海水になったと考えられている。水温は推定一五度前後。カリフォルニア沿岸の表面水温とほぼ同じだ。同じことは小規模ながら現在でも起きていて、地中海で作られた高温・高塩分水はジブラルタル海峡の海底壁を越えて大西洋に漏れ出しているし、紅海やペルシア湾で作られた高温・高塩分水もインド洋に漏れている。

六五〇〇万年前の恐竜大絶滅は地球寒冷化が一因だという。氷河期が到来し、それまで寒くなかった南極や北極の海が冷えはじめる。しかし、これが深海水になる条件はまだそろっていない。南極が他の大陸から切り離され、完全に海に囲まれなければならない。

三〇〇〇万年前、南米大陸と南極大陸とに分かれ、ドレイク海峡が開通した。一方、タスマニア島が北上し、太平洋とインド洋がつながった。南極一周路の全線開通である。これにより、南極の海水は永続的に南極沿いを流れ、徹底的に冷却されることになった。これが南極底層水と呼ばれる深海水の起源であり、五〇〇〜一〇〇〇年かかって世界の海底に広がっていく。この南極底層水が三〇〇〇万年の間に何万回も深海を循環し、中生代の温かい深海水に取って代わったのだ。

未知の世界をのぞく窓

アナザーワールドへの旅で、外の巨大な水圧からわれわれを守ってくれるのは厚さ三センチの耐圧殻。針の先より小さな穴でも、顕微鏡でしか見えないようなヒビでも、水圧は耐えず押し入ろうとしている。

さて、その耐圧殻だが、「しんかい二〇〇〇」の耐圧殻は特別に開発されたNS90という超高張力鋼でできている。巨大な圧力を球面にわたって均一に分散させるため、耐圧殻の真球度は特に重要で、地球よりも真球度が高い（地球は遠心力で赤道方向にやや伸びている）。超高張力鋼の厚さは三センチ、これだけがわれわれの鎧（よろい）なのだ。

耐圧殻には観察のために穴が三つくり抜かれ、そこにはメタクリルという円錐形の強化プラスチックがはめ込まれている。円錐の頂部側が耐圧殻の内側で、外から圧力がかかるほどピッタリ押し付けられて水密性が高くなる。水圧が大きければ大きいほど水密性も高くなるので、賢い方法である。水圧に対抗するのではなく水圧を利用しようという意図が読み取れる。

ごく単純で誰でも考えそうな方法だが、テクノロジーに精通しすぎると過剰な知識の糸がこんがらがって、簡単な方法が思いつかなくなるものだ。こんなインドの寓話がある。宇宙の最高神が「力」に尋ねた、おまえより強いのは誰か、と。「力」が答えた、私より強いのは「巧妙」です、と。深海では複雑なもの、力ずくで動かすものはきらわれる。できるだけシンプルに、そして、巧妙な方法こそがベストなのだ。

「しんかい二〇〇〇」の観察窓は、内側直径で一二センチ窓二つと八センチ窓一つだ。「しんかい六五〇〇」だと一二センチ窓が三つになる。窓を作るメタクリルという材質は強度だけでなく透明性にも優れていて、外の様子が一点の曇りなく見渡せる。中央部なら像の歪みも感じられない。しかし周縁部では像が歪み、自分は今耐圧殻の中にいるんだ、ということを思い出す。

潜水船の窓から見える範囲（視程）はせいぜい一〇メートルだ。潜水船の航走速度はふつう一ノット（毎分三〇メートル）くらい。したがって毎分三〇〇平方メートル、ダブルスのテニスコートよりちょっと広いくらいの面積を観察できることになる。もっとも最良の条件での話だ。

後でくわしく述べるが、水深四〇〇〇メートルの海底に横たわる鯨遺骸を再訪問しようとしたことがある。着底からほぼ四時間、三〇〇〇メートルを航走した。しかし鯨遺骸は見つからなかった。後でわかったのだが、潜水船は鯨遺骸から一〇メートルほどのところまで接近していた。それでもダメなときはダメなのだ。

潜航調査の第一の目的は観察だ。「海の内部を見ること、それは〝未知〟への想像力を見ることである」と書いたのはヴィクトル・ユゴーだ。想像力（イマジネーション）とは眼に見えないものを見る力だ。

潜水船とは「人間の目と頭脳を海の中に入れる装置」（井上直一・『科学朝日』、昭和二四年八月号）だ。深海を楽しみ〔物見遊山（ゆさん）〕、いろいろな生物を覚え〔博物学〕、そしてイマジネーションを膨らませられれば〔自然認識〕、最高の潜航調査になるのだろう。

お守りは水酸化リチウム

耐圧殻には人間三名の他、いろいろな機器類や酸素ボンベなどが所狭しと並んでいる。船長が椅子に座り、コパイと観察者は足下に横たわる。ちょっと背をかがめればアグラもかける。慣れてしまえば、そこそこに居心地がよいものだ。

耐圧殻の狭いスペースで威張っているのは二酸化炭素吸収剤（水酸化リチウム）だ。人間が息苦しいと感じるのは、酸素欠乏よりもむしろ二酸化炭素の増加のせいだ。空気中の二酸化炭素濃度は〇・〇三パーセント（体積）だが、人間の呼気（吐く息）では四パーセントだ。一分間の一人あたりの呼吸量を五〜一〇リットルとすれば、耐圧殻内の空気（約五六〇〇リットル）は三〜六時間で誰かの呼気になる。つまり、三〜六時間で二酸化炭素濃度が、〇・〇三から四パーセントまで、一〇〇倍以上も上昇するのだ。

寒い夜、布団にもぐり息苦しくなった経験があるだろう。それは酸欠のせいではない。空気中の酸素濃度は約二一パーセントだが、呼気では約一六パーセント。あなたの吐いた息にはまだ酸素がたくさん残っている。息苦しくなったのは、むしろ、二酸化炭素がたまってきたせいだ。息苦しさはやがて恐怖心を呼び起こす。布団をバッと剝ぎ、ハアハアと大きな息をして、新鮮な空気を肺いっぱい吸い込んだことだろう。二酸化炭素のない新鮮な空気を。

二酸化炭素は息苦しさを起こすだけではなく、呼吸中枢を麻痺させる点でも恐ろしい。一般に二酸化炭素の許容濃度は〇・五パーセント。一〇パーセント以上で意識不明となり、二五パーセント以上では数時間で死亡する。

狭いスペースをわがもの顔に占める二酸化炭素吸収剤。邪魔だ、などと悪態をつくこともあるが、万一のときには息苦しさと恐怖心を除去してくれる大切なお守り。ちらっと横目で見ながら、その存在に安心させられる。

「しんかい六五〇〇」チタン合金の耐圧殻

「しんかい六五〇〇」の耐圧殻は厚さ七三・五ミリのチタン合金でできている。耐圧性は増したのに重量はむしろ軽くなった。超合金Ti―6Al―4Vのおかげだ。内径は「しんかい二〇〇〇」よりやや小さく二メートル、畳より少し長い程度だ。乗員は同じく三名だが、船長用の椅子がない。その分、空間としては広いのだが、船長が空中浮揚しているわけにもいかず、三人でアグラをかくか、観察者とコパイの上に船長が不自然な形で覆いかぶさる。そのせいか、ある長身の船長は腰を痛めたと聞く。

チタン合金は軽くて丈夫な上、腐食にも強く錆びにくい。今では眼鏡のフレームにも使われるほど汎用性が高い、すばらしい超合金だ。しかし、それは何かを作った後の話だ。逆に、チタン合金で何かを作ろうとすると、これほど厄介なものもないらしい。接着剤でもくっつかないし、特に大変なのは溶接だそうだ。

「しんかい六五〇〇」の耐圧殻はチタン合金の半球を二つ溶接して一つの球にした。しかし、チタン合金は空気中で溶接すると強度が落ちるので、真空中で溶接しなければならなかった。真空だからバーナーを使うわけにもいかない。けっきょく、電子線ビームで半球の継ぎ目を狙い、少しずつ溶接していったそうだ。まるで『スターウォーズ』の世界のような話だ。そして、溶接した耐圧殻を限りなく真球に近づけるため、研磨加工が延々と続く。「しんかい六五〇〇」の耐圧殻はそれだけで技術の粋なのである。

水圧を感じない深海生物たち

水深六五〇〇メートルで耐圧殻にかかる水圧は約六五〇気圧（おおむね水深を一〇で割ればよい）。一平方センチに約六五〇キログラム重の力がかかるくらいだ。六五〇キログラムといったら大人の牛一頭分だ。それが指の爪くらいの面積に乗っていて、耐圧殻の全面にわたって押し付けている。何とか付け入ろうと虎視眈々、少しでも隙を見せたら一気に攻め込んでくる。深海調査は水圧との闘いだ。

宇宙船が重大な損傷を受けると内圧により膨張破裂する可能性がある。しかし、損傷が軽微なら船内ガスが漏れ出すだけで、応急処置を施すまである程度の時間的余裕が見込める。そもそも船内外の圧力差など一気圧程度しかない。一方、深海潜水船だと、船内外の圧力差は数百気圧。損傷が生じると圧力はそこを徹底的に攻め（応力集中）、損傷を広げていく。そして、今や頭上四〇〇キロメートルの軌道に宇宙ステーションがあるというのに、足下のわずか一〇キロメートルさえままならないのは全く水圧のせいだ、といってよい。

それでは深海生物はどうやって水圧を克服しているのだろう。実は深海生物はわれわれが考える水圧を感じていない。われわれの考える水圧とは、耐圧殻、ガラス球、肺、そういう中空体にかかる水圧だ。しかし、深海生物には中空の部分はない。内部は水で満たされているし、外部との水の流通もある。この場合、水圧は体の内外で釣り合っており（均圧）、体を押し潰す方向には働かない。すると、例えば、豆腐やコンニャクも水圧で潰れることはない。

深海魚も考えたもので、鰾（うきぶくろ）を持つものは中に空気を入れず、代わりにワックスを入れてある。ワックスなら浮力もあり、しかも固形物だから深海の水圧でも潰れない。ワックスは深海生態系では重要な物質で、深海食物連鎖はワックス食物連鎖であるともいえる。

水圧で分子が潰れる？

ゆで卵を作るのにお湯を沸かさない方法があるのをご存じだろうか。電子レンジ、ではない。熱を使わないで、という意味だ。それは圧力をかけて卵を〝ゆでる〟方法だ。

生物体の重要な構成成分であるタンパク質は圧力の影響を受ける。タンパク質の形（コンフォメーション）は分子内あるいは分子間の電気的な結合力の総和で決まるが、圧力がかかると個々の部位の電荷が変わり、それに応じてタンパク質の形も変わる。これをタンパク質の変成という。変成が進みすぎて元に戻れなくなることを不可逆的変成というが、卵を〝ゆでる〟というのは卵白や卵黄のタンパク質を熱変成（不可逆的）させて固める操作である。熱変成があるなら、圧変成もあるわけで、圧力で卵を〝ゆでる〟というのは不可逆的な圧変成ということになる。

われわれが考えていた水圧は単に中空体を押し潰す力だった。しかし、真の水圧は分子を潰す力である。非常に根源的な力だ。水圧対分子の闘いだ。でも、幸いなことに、この闘いの起こる圧力は海の中にはない。数千〜数万気圧という超高圧（水深数万〜数十万メートル相当）が必要だからだ。

水そのものに対する圧力の影響も見てみよう。水の圧縮率は一〇〇〇気圧程度（一万メートル相当）までは約四パーセント。これは一リットルの水が〇・九六リットルになる程度だ。何だそれだけかといわれるかもしれないが、気体と違って、液体がこれだけ縮むというのは大変なことなのだ（この縮みは水温九九度から四度までの温度低下時に相当する）。水圧式の加圧装置では水がチョロッと漏れただけで圧が一気にダウンしてしまう。

ドライシャーベット＝カゴの中の二酸化炭素

炭酸ガス（二酸化炭素）を圧縮冷却して液化し、それを容器内に噴霧（スプレー）すると、大半が蒸発して熱を奪い（蒸発熱）、残りはさらに冷却して雪状の固体になる。ドライアイスとは、この〝雪〟を押し固めたものである。つまり、圧縮（加圧）と噴霧（減圧）の巧妙な組み合わせがドライアイスの製法であり、ドライアイスになる直前の雪片はさしずめ「圧力操作の華」といえよう。そのドライアイスの温度はマイナス七八・五度（一気圧）、手で直接触らないほうが賢明だ。

二酸化炭素や水など全ての物質には固体・液体・気体という状態（相）があり、温度や圧力の変化に応じて状態変化（相変化）する。水では一気圧零度で固体から液体への変化が起こり、一気圧一〇〇度で液体から気体への変化が起こる。「氷が溶ける」とか「お湯が沸騰する」ということを難しくいうとそうなる。そして、温度が三七四度以上だと、水は液体の状態をとれず、すべて気体（水蒸気）として存在する。

二酸化炭素の場合一気圧だとマイナス七八・五度で固体から気体への変化（昇華）が起こる。液体から気体への変化は例えば零度では三四気圧で起こる。これは水深約三四〇〇メートルの圧力・温度にほぼ匹敵し、もしここに二酸化炭素ガスを運んだら、それは液体に変化するということになる。

人間が運ばなくても、深海には二酸化炭素が自然に湧き出るところがある。沖縄の西側の海底（沖縄トラフ）には海底熱水噴出孔がいくつかあり、その噴出熱水は二酸化炭素に富んでいる。いや、富む、なんていう生易しいものではない。熱水のガス成分のうち約九〇パーセント（体積）が二酸化炭素なのだから。この熱水地点の水深は一三三〇〜一五五〇メートル、周囲海水の温度は三・八度。純粋な二酸化炭素だけではただのガスである。しかし、深海の現場状況は二酸化炭素プラス水という系であり、純粋系とは二酸化炭素の振舞いが異なってくる。

二酸化炭素―海水系にとって、沖縄トラフ海底の水圧・水温はハイドレート（水和物）という構造を作るのにピッタリの条件だった。この二酸化炭素―海水系のハイドレートは、水分子が比較的大きな結晶構造を作り、その中に二酸化炭素分子が入り込んだもの（クラスレート）である。いわば鳥カゴみたいなもので、水分子の大きな結晶がカゴ、二酸化炭素分子が鳥に相当する。

さて、この鳥カゴ二酸化炭素、つまり二酸化炭素ハイドレートが沖縄トラフの海底に存在することが「しんかい二〇〇〇」の潜航調査で明らかになった。また、このハイドレートを透明容器に採取したところ、浮上時の水圧減少・水温上昇にともなって、シャーベット状になりやがてガス化する状態変化も観察された。ドライアイスならぬドライシャーベットだ。

深海に二酸化炭素を貯蔵する

「しんかい六五〇〇」がまだ試験潜航を行なっていたとき、ドライアイスの入った透明容器を耐圧殻の外側に載せてもらい、下降・上昇時の状態変化をビデオ記録しようとしたことがある。目指すは日本海溝の水深六五〇〇メートル。ところが「しんかい六五〇〇」が海面でチャプチャプやってる間にドライアイスが溶け、つまり昇華して、二酸化炭素ガスが容器の中に充満し、密着の弱い部分からブクブクと外へ漏れ出してしまった。これでは深海に着く前に全部なくなってしまうと心配したが、これが幸いした。

容器の中はほぼ純粋な二酸化炭素のガス。ある深度に達してから、炭酸ガスがみるみる液化しはじめた。さっきまでガスだったものが白っぽい液体になり、液面がユラユラと波打っている。液体二酸化炭素の比重は約一・一と海水より重いので容器の底でユラユラしている。このときにはドライシャーベットも観察できた。

このような二酸化炭素の状態変化は、ふつうなら大がかりな冷却装置に丈夫な耐圧容器を入れ、小さな窓から中を覗いてしか観察できない。しかし潜水船なら、それをリアルタイムで目視観察したりビデオに記録できる。ちょうど、動物園で檻に入ったライオンを見るのに対し、ジープに乗ってサバンナを疾走するライオンを見るようなものである。これもまた潜航調査の醍醐味だろう。

ところで、深海で二酸化炭素が液化することから、深海に二酸化炭素を貯蔵しようというアイデアが出されている。二酸化炭素は地球温暖化の主原因とされているが、人間が活動を続ける限りその排出・増加は免れない。それではせめて排出する分だけでも深海に隠してしまおうというアイデアだが、吉と出るか凶と出るか。

マーガリンのように柔らかい深海生物

ドライアイスもドライシャーベットも圧力変化の賜物だ。二酸化炭素が圧力操作でこんなにも状態変化するのだ。ひるがえって生物を見てみよう。生物の分子は圧力変化にどう対応するのだろう。生物は圧力変化に応じてどのような分子を再構成するのだろう。

地球の生物は全て細胞を基本単位としている（ウイルスやプリオンは除く）。細胞とは生命活動に必要な要素が膜に包まれて外界と隔離されたものである。この膜が破れると細胞質が外へ流れ出し、外界の物質が細胞内へ入ってくる。膜（細胞膜）こそは生命活動を保護し、細胞にいのちを与えるものである。

細胞膜を構成する分子はリン脂質といい、このうち脂肪酸という部分がいろいろ変化して細胞膜の〝柔らかさ〟を一定に保っている。細胞膜もやはり硬すぎては調子が悪く、ある程度の柔軟性が必要なのだ（専門的には流動性という）。この膜の柔軟性を調節するのが脂肪酸である。

低温になると細胞膜は硬くなる。脂肪酸を多く含んだバターやマーガリンを考えてみよう。温度が下がると、バターやマーガリンは硬くなる。そこで低温でも柔らかいマーガリンが商品化されているが、これにはリノール酸などの不飽和脂肪酸が多く含まれている。不飽和脂肪酸が多ければ、それだけ低温でも柔らかくなるということだ。細胞膜も同じで、低温で生育した生物の細胞膜には不飽和脂肪酸が多く含まれている。

圧力がかかっても細胞膜は硬くなる。したがって、高圧下で生育した生物の細胞膜には不飽和脂肪酸が多いと考えられるが、おおむねその通りである。ある種の深海微生物には不飽和脂肪酸が多かったし、別の微生物に圧力をかけて培養すると、圧力に応じて不飽和脂肪酸の量が増えていった。不飽和脂肪酸は圧力応答的な分子なのだ。

深海微生物が作るEPA・DHA

不飽和脂肪酸にもいろいろあるが、近年注目されているのはEPA（エイコサペンタエン酸）やDHA（ドコサヘキサエン酸）などの高度不飽和脂肪酸だろう。EPAやDHAは心臓病や動脈硬化などを予防し、記憶学習能力の維持に役立つといわれている。人間はEPAもDHAも体内で作ることはできないので、食物から摂取しなければならない。

EPAやDHAはイワシやアジ、マグロ、カツオなどの魚に多く含まれている。これらの魚の魚油からＥＰＡやＤＨＡが濃縮・精製され健康食品として販売されているし、一九九〇年には医薬品化されて既に年間二五〇億円を超える売り上げがあったとのことだ。

イワシやアジ、マグロ、カツオなどの魚も自分でＥＰＡやＤＨＡを作るわけではなく、もともとは植物プランクトン由来のＥＰＡやＤＨＡが食物連鎖を通して蓄積したのだろう。しかし、ドンコという底魚や水深四四〇〇メートルのナマコにもＥＰＡやＤＨＡが多いことは何を意味するのだろう。ＥＰＡやＤＨＡは比較的不安定なので植物プランクトン由来なら深海底に達するまでに大半が失われているはずである。ドンコやナマコのＥＰＡやＤＨＡは底泥(ていでい)微生物ないしは腸内微生物に由来するとも考えられる。実際、ドンコからＥＰＡ生産微生物が見つけられているし、マリアナ海溝やフィリピン海溝底の深海微生物にはＥＰＡやＤＨＡが高濃度に含まれていた。フィリピン海溝底の微生物などは全脂肪酸の四〇パーセント近くがＤＨＡだったという報告もある。

深海微生物はＥＰＡやＤＨＡなどの高度不飽和脂肪酸を多く含むことで細胞膜の柔軟性を維持しているのだろう。そして、それは深海微生物だけでなく、広く深海生物全般の栄養にも役立っている。深海生態系とは実に持ちつ持たれつの相互依存の具現である。

第二章

深海の多様な住人たち

――深海砂漠での生き残り戦略――

大海（おおうみ）の底に沈みて静かにも　耳澄ましゐる貝のあるべし

（窪田空穂『明暗』より）

世界最深部の生物

一九九五年三月に深海無人探査機「かいこう」がマリアナ海溝の世界最深部に達した。母船「よこすか」では海底の映像がモニターされている。

と、画面に白点が見える。ズームインすると……体を波打たせて泳ぐ数センチ程度の生き物だ。どうやら多毛類（ゴカイの類）らしい。健気だ。約一一〇〇気圧という巨大な水圧の下、一生を、いや何世代も、この海底の暗渠（あんきょ）の中で過ごしている小さな生き物。われわれの世界と隔絶したこの超深海を生き抜く生命である。生命とは健気さとたくましさの別称なのだ。

「かいこう」は世界最深部への着底記念プレートを持っていった（碑銘はKAIKO 1995. 3. 24）。そのプレートを海底に置き、そして、何と、隣にサバを並べはじめた。よりによって海洋学の記念碑の横にサバを置くかなぁ、冴えないなぁ、と思っていたら、サバに小生物が群れている。数センチくらいの端脚類（たんきゃく）（ヨコエビの類）だ。わずか三〇分くらいでサバの匂いでも感知して寄ってきたのだろうか。

餌がくるとパッと寄ってくる、これが深海の掟だ。深海の生命のたくましさだ。でも、どういう仕組で餌の到来を知るのだろう。よくいわれるように匂いなのだろうか。匂いを感知する速さは匂い分子の拡散速度に依存する。拡散による分子の移動速度は、毎分数ミリから〇・一ミリくらいとして、当たらずといえど遠からずだろう。すると、数メートル先に達するのに何十時間もかかってしまう。

匂い分子が底層流にのって広がるとしたら、どうか。底層流は毎分数メートルくらいになり得る。場所によっては毎分数十メートルの流れも観察される。うん、これなら十分速く広がりそうだ。しかし、それだと〝風下〟側の生き物しか匂いを感知できない。それでも、みんな何とかやっているのだろうか。きょうは風上でも明日は風下かもしれない、明日は明日の風が吹く、なんて。

超深海魚はいるか

「かいこう」のマリアナ海溝底調査では残念ながら魚は見られなかった。

「トリエステ」のピカール博士の報告では、水深一万九一二メートルにカレイの仲間が観察されたのが最深の魚類である。しかし、ピカール博士の報告には思い違いもあるようで、実はナマコの一種だったという説もある。フランスの「アルシメード」も九五〇〇メートル以深の千島海溝底に魚がいたと報告したが、これも何かの思い違いらしい（東京大学海洋研究所・沖山宗雄教授）。いずれにせよ、両者とも映像記録を残していない。

魚の世界最深記録はどのくらいだろう。インターネットでスミソニアン博物館の「海の惑星」展示室を訪問し、deepestというキーワードで検索してみると、水深八三七〇メートルが最深記録らしい。チョウチンアンコウみたいな魚で、西大西洋のプエルトリコ海溝で採集されたとのこと。

一方、映像による魚の最深記録は、日本海溝の水深七七〇三メートルで写真撮影されたシンカイクサウオだそうだ（二〇〇八年の日英共同研究による）。超一万メートルの深海には魚はいないのだろうか。かつて潜水船で訪問した人間が超深海で唯一の脊椎動物だったのだろうか。

やはり高水圧が問題なのだろうか。人間や魚など脊椎動物の多くは、体のつくりというよりも、細胞そのものが五〇〇気圧に耐えられない。これはもう、ちょっとやそっとの適応進化では追いつかないほどの変化が必要なのだろう。細胞内のいろいろな反応装置がそろって高圧適応するような変化が。

細胞が崩壊する圧力

細胞が五〇〇気圧に耐えられない、とはどういうことか。ネズミの培養細胞を使って高水圧下で培養実験したことがある。培養細胞だから扱いは簡単だし、「培養細胞」を使うのであって、ネズミ個体を殺すわけじゃないから罪悪感も軽減される。

培養液に細胞を入れて、いろいろな水圧で培養する。二四時間したら圧力を落とし、細胞の増殖率や形態変化を調べる。単に細胞の外形だけでなく、細胞の形を作るもの、すなわち「細胞骨格」といわれるタンパク質（アクチン）も観察した。

二〇〇気圧までは細胞の増殖率が少し低下するが、形態は変化しない。三〇〇気圧では増殖率が急に低下し、細胞も丸っぽくなる。四〇〇気圧ではほとんどの細胞が球形だ。でも、ここで一気圧に戻すと細胞は元に戻る。そして五〇〇気圧。細胞は小さく丸まり、ほとんど増殖しない。一気圧に戻してやっても、もはや復活できない状態だ。六〇〇気圧では、細胞同士がくっつき合って塊状になり、見るからに復活不能だ。

細胞骨格であるアクチンを見ると、二〇〇気圧で配列が乱れはじめ、三〇〇気圧では秩序がなくなる。五〇〇気圧ではアクチンの構造が乱れはじめ、六〇〇気圧では構造が崩壊する。

つまり、ネズミの細胞は五〇〇〜六〇〇気圧で崩壊する。この圧力では、個体レベルで生きられないのはもちろん、そもそも細胞やアクチンのレベルで崩壊しているのだ。

深海砂漠

地球最深のマリアナ海溝底で見たゴカイやヨコエビ類は生命のたくましさをわれわれに印象づけた。しかし、それ以上に印象的だったのは、マリアナ海溝底が砂漠に見えたことだ。不毛、というか、とにかく生物が少ない。黄灰色の底泥が茫漠(ぼうばく)と広がる。そこそこの深海で見られるような底生生物の這(は)い跡も少ない。何かを期待していた気持ちがだんだん弱気になってくる。

しかし、この不毛感は、人類が月面で覚えた寂寥(せきりょう)感やヴァイキング一号、二号が火星で味わった失望感とは違う。月面や火星が与えたのは絶対の非生命感で本質的なものだ。マリアナ海溝で覚えたのは相対的な少数感で、量的な不足感だ。生物は少ないが、生命には満ちている。生物とは生命の現われであり、生物がいないからといって生命がないとはいえないのだ。生命とは可能性(ポテンシャル)なのだから。

それにしても、全般的に深海には生物が少ない。なぜか。巨大な水圧と身も凍る低温、そして深い暗闇。この過酷な条件が生物の進出を許さないのだろうか。

いや、生物はもっとたくましいはずだ。どんなに過酷な条件でも、それを一つ一つの個体が耐え忍び、種として適応進化し、生物群集として相互扶助の関係を作り、最後にはそこにひとつの生態系を形成するはずである。圧力、水温、暗黒。生物はこの悪条件を克服できないのだろうか。

生物の進出を許さないのは、圧力でも水温でも暗黒でもない。生物が克服できないのは、生物体を作る原材料の不足である。生物活動に必要な代謝エネルギーの不足である。つまり、餌不足、これこそ深海生物にとって最大の悩みであり、克服できない悪条件なのだ。わずかに細々と暮らしている深海生物たちは飢えている。飢餓こそ深海生物の恐れるものであり、行動の決定要因である。

深海の掃除機、ナマコ

けっきょく深海で最も豊富な食物は底泥である。底泥に含まれるわずかな有機物や微小生物を餌にするのが、効率は悪いが最も確かな生き方だ。細く長い人生というが、まさにそれが深海の生き方の一典型だろう。そして、生き方だけでなく、体型まで細く長くを実践しているものがいる、ナマコだ。

海底に泥縄があったり、泥縄がとぐろを巻いていたら、それはナマコの糞(ふん)だ。ナマコが泥を食べ、ながい腸管で泥を押し固めたものだ。ナマコは海底を這い回りながら掃除機のように泥を吸い、泥縄を残していく。

ナマコにはポチャッとした愛敬者もいる。ユメナマコはポッチャリした海坊主みたいで、それで海底から数メートルの高さまで跳ぶのだから面白い。歩行能力が退化した代わりにジャンプして底層流に乗り、移動・分布拡大をするのだという。真っ赤なユメナマコ坊主がユラーッと上昇するのには思わず笑いを誘われる。

「しんかい六五〇〇」の試験潜航で水深四八三六メートルの海中に奇妙な生物が発見されたとの連絡が入った。水中交話機を通して母船「よこすか」に伝えられたのは「ピンクの子ブタ」とか「風船ブタ」という表現だった。この表現が一人歩きを始め、本部の海洋科学技術センターではその日、謎の「風船ブタ」の正体をめぐって大汗をかかされた。一九八九年七月の蒸し暑い日だった。正体はハナガサナマコだったそうだ。

この一連の試験潜航で「しんかい六五〇〇」は潜水調査船としての世界最深記録六五二七メートルを樹立したのだが、その海底にもナマコがいた。頭（？）から長い突起が一本伸びているエボシナマコ（形が烏帽子（えぼし）に似る）や、突起が体のあちこちから出ているセンジュナマコ（千手観音みたいだから）などだ。こういう突起は、柔らかい底泥にナマコが沈まないようにする働きがあるらしい。

ナマコと微生物学

ナマコといえば「このわた」という珍味を思い出されるかもしれない。ナマコの腸管を塩辛にしたもので、独特な風味が酒の肴として珍重されている。美食家には「このわた」は垂涎ものだろう。しかし、微生物学者には腸管の中味のほうがありがたい。ナマコの腸に詰まった底泥は宝物だ。海底でも場所によっては底泥の層が薄く、採泥管を突き立てるような方法では底泥を採れないことがある。こんなときはナマコだ！　薄く積もった底泥でもナマコは掃除機のように吸い込み、腸に詰め込んでくれる。そのナマコをわれわれが採取して、腸内の泥を回収するという算段だ。この泥からいろいろな深海微生物が見つかっている。

深海微生物は圧力に対して二つの適応戦略をとっている。一つは圧力に耐えること（耐圧性）で、もう一つは圧力があったほうが調子がよいこと（好圧性）だ。プレッシャーに負けないどころか、それが好きだというのだから、その精神力、いや生命力は大したものだ。その好圧微生物の研究は一九四〇年代には既に始まっていたが、好圧微生物を見つけるにはまず底泥と腸内容物、特にナマコの腸内容物がよく用いられていた。ナマコ採集は深海微生物学者の常套手段だった。最近になって再び、微生物学におけるナマコの地位が復活している。ナマコの腸内から古細菌という微生物が見つかったからだ。

古細菌は、熱水噴出孔などの高温環境、塩田などの高塩分環境などいわゆる極限環境に生息するものが多いと思われていたが、最近になって海水や底泥にもかなり多く存在することがわかってきた。そこで海底古細菌を見つけるためにナマコの腸内容物が再び脚光を浴び、実際にそこから見つかったというわけだ。

古細菌はバクテリア（細菌、原核生物）でも動植物（真核生物）でもない第三の生物といわれ、地球で最も古い生物の子孫と考えられている。古細菌には大別して好熱性グループと好塩性グループがあるが、さて、ナマコ由来の海底古細菌はどうやらそのどちらとも違うらしく、第三の生物（古細菌）の第三グループともいわれている。こうして見ると、ナマコは微生物学の発展にずいぶん貢献している。

深海のスキャベンジャー、ヨコエビ

深海微生物学への貢献という点ではヨコエビの一種であるカイコウオオソコエビ（*Hirondellea gigas*）も負けてはいない。好圧微生物の中には、大気圧では増殖できず圧力がかかって初めて増殖するという絶対好圧微生物がいる。プレッシャーがなければ仕事できないようなものだ。さて、この絶対好圧微生物が初めて見つけられたのはマリアナ海溝底で採取したヨコエビからだった。時は一九七九年、本格的な海底熱水活動が初めて発見された年だ。

さて、ヨコエビはナマコと違って、いくら空腹でも泥は食べない。じっと空腹に耐え、たまに天から降ってくる生物遺骸を待ち焦（こ）がれるのだ。そして、その僥倖（ぎょうこう）にめぐり合わせるや、たちまちにして食物を平らげてしまう。無人探査機「かいこう」が持参したサバに寄ってきたのもそういうヨコエビだった。

ヨコエビのように死肉や腐肉を食うものをスキャベンジャーという。ちょうどアフリカのサバンナで死肉に群がるハイエナのような存在だ。「ハイエナのような奴」ともいうくらいで、スキャベンジャーには不快感を覚えるが、こういう生き物がいないと世の中は腐敗した死骸だらけになってしまう。スキャベンジャーとはありがたい〝掃除屋〟さんなのだ。

深海の掃除屋ヨコエビも深海微生物学にずいぶん貢献しているが、それにしても悪食（あくじき）だ。泥を食うナマコと大差ないような気もする。

この悪食のヨコエビを捕えようと、「かいこう」の先輩である「ドルフィン3K」で、水深一二〇〇メートルの海底にイワシを持って行ったことがある。一種のヨコエビ・トラップのつもりで、イワシをプラスチック容器に入れておいた。蓋には一センチくらいの穴が開いている。この中にヨコエビを誘（おび）き寄せようというのだ。

獰猛な肉食貝類

二日後、容器を回収するとイワシはきれいに骨だけになっていた。容器にはヨコエビが入っていた。確かにヨコエビが誘き寄せられたのだ。しかし、その数は一〇個体に満たず、イワシを平らげたのはむしろ別の生き物だった。

イワシを骨にしたのはバイ貝（*Buccinidae*）という巻き貝だ。バイ貝は四〇円切手の図柄にもなっていたので、何となく知っている方も多いだろう。バイ貝は一〇センチかそれ以上まで大きくなるが、容器に入ったのは子バイ貝だ。一センチにも満たない子バイ貝が寄ってたかってイワシを骨だけにしてしまったのだ。容器の近くには目印として反射テープを貼った浮き（マーカーブイ）を設置しておいた。浮きを紐でくくって錘に結んだものだ。この紐を這い上ったのだろう、浮きにもバイ貝がついていた。ここにも餌があると思ったのだろうか、何という貪欲さ！

バイ貝も名だたる深海スキャベンジャーだ。そして、かなり獰猛な肉食貝類だそうだ。口部には小歯（歯舌）がノコギリ状に並び、肉を引き千切る。歯舌は鋭く尖った針あるいは銛のようで、摩耗すると新しい歯舌が補充される。まるで鮫の歯のようだ。おまけに、歯に毒を持つ種類もあるという。まるで毒蛇だ。つまり、バイ貝とは小さな鮫プラス毒蛇みたいなものだ。

このバイ貝もある種のヒトデには弱いとのこと。ヒトデが分泌するサポニンという物質が大嫌いらしい。サポニンとは、ステロイド及びトリテルペンの配糖体の総称で、あるものは漢方薬の成分になっている。また、ナマコのサポニン（ホロトキシン）は水虫に効くそうだ。

いずれにしろ、あの白骨イワシ事件以来、海底でバイ貝を見るたびにちょっとした寒気を感じている。

深海エイリアン、ズワイガニの襲来

バイ貝に劣らず、カニも獰猛な肉食獣である。松葉蟹(まつばがに)や越前蟹といえば冬の日本海の名物だ。いずれもズワイガニ(*Chionoecetes opilio*)のことで、主な生息深度は水深二〇〇〜三〇〇メートル。この仲間のベニズワイガニ(*Chionoecetes japonicus*)は深所種で、主に水深五〇〇メートル以深に生息する。かつて、ベニズワイガニの生態調査で日本海に潜航したことがある。あらかじめベニズワイガニを誘き寄せておこうと、前日にトランスポンダー(水中音響発信器)の錘にイワシやサバの切り身を付けて海底に設置した。水深は一五九五メートル。

翌日、「しんかい二〇〇〇」でトランスポンダーの様子を見に行くと、そこには、いるわ、いるわ、ベニズワイガニが何十匹も。ほんの少しの魚を求めて、カニの上にカニが乗り、またその上にカニが乗り、まるでカニ山になっている。

そのとき「しんかい二〇〇〇」は新しい餌を持っていた。それを置いてすぐに移動すればよかったのだが、カニがそれに気がついた。一匹のカニと目が合った。それが合図だった。

カニ山がくずれ、こちらへ突進してくる。動きは速くないが、無我夢中のカニの大群は、「エイリアン」の襲来をスローモーションで見ているようだった。そういえばベニズワイガニって、エイリアンの幼体（フェイスハガー）に似ている。

別の「しんかい二〇〇〇」潜航では、船側の補助推進スクリューに巻き込まれたのだろう、体を二つに切断されたゲンゲ（底魚の一種）が窓のすぐ外に降ってきた。その三分後にはどこからともなくベニズワイガニがやってきた。ゲンゲ（*Zoarcid fish*）は身悶えして逃げようとするが、二つになった体では抵抗もむなしい。二〇分後、別のベニズワイガニがやってきて、争奪戦が始まる。けっきょく後参のカニが敗れるのだが、何を思ったか今度は潜水船を襲いはじめた（観察者は海洋科学技術センター・田中武男博士）。

生の連環

確かにゲンゲはおいしい。東北地方ではドンコと呼び、大根とネギの入ったドンコ汁をふうふういってすするのは何よりの楽しみだ。だから、カニがゲンゲを襲うのも理解はできる。しかし、カニだけが特別に飢えているとか獰猛なわけではない。深海に生きるものはみな飢えている。少ない餌をめぐって、餌の取り方、喧嘩の勝ち方などを発達させている。

あのゲンゲだって、不慮の事故で死んで、あのまま朽ち果てるよりは、カニの餌になったほうが幸せなのかもしれない。もっとも、あのまま朽ち果てたとしても、それは風化・消滅するのではなく、眼には見えないが微生物の体になる。この微生物も小動物やナマコの餌となり、けっきょくは他の生き物のためになるのだ。

ひとつの個体の死は他の個体の生につながる。ひとつの個体の生と死は、多くの個体の生の連環だ。たくさんの生命の連環。人間はこの連環から離れてしまった。ゆえに生命の連続性をごくあたりまえのように感じられない。

深海の生き物は確かに孤独だ。でも、深海の生命は単独ではあり得ないし、孤立もしていない。深海では、生命とはひとつの生き物からひとつの生き物への生の連環のことなのだ。

こんなにむなしく命をすてず、どうかこの次には、まことのみんなの幸のために私のからだをおつかいください。

（宮沢賢治『銀河鉄道の夜』より）

ナイスキャッチャー

和辻哲郎は『風土』の中で、砂漠は生を許さぬ自然であり、砂漠で生を求める人間は必然的に砂漠・自然に対して対抗的・戦闘的になる、と書いている。そして、砂漠の民に神が与えた使命が「産めよ殖やせよ」である、と。深海砂漠もそうなのだろうか。確かにそのような競争的な面もひとつの真実なのだろう。しかし、生命は、自然は、もっと巧妙なように思えるのだが。

深海底にも海流がある。潜水船が流されて位置を保つのが大変なときさえある。いつもそんなに強い流れがあるわけではないが、おおむね毎秒数センチから一〇センチというところか。この流れにのって、いろいろな浮遊物・懸濁（けんだく）物が流れてくる。中には餌になり得るものもある。これを利用するのが生物の知恵だ。流れのよいところで懸濁物をナイスキャッチできれば、ただそこに居るだけで餌が手に入るわけだ。

深海の底生生物にはこのナイスキャッチ型（懸濁物食性）が多い。ヤギという深海サンゴやオトヒメノハナガサ（乙姫の花笠）という美しい名前のヒドロ虫類、棘皮（きょくひ）動物のウミユリなどがそうだ。ヤギ類は石灰質の剛構造を樹枝のように広げる。ウミユリ類は、そう、あなたの手の平を上にして、指を少し曲げてみよう。その手がウミユリだ。手の甲から下に向かって柄が生えたようなものだ。

このナイスキャッチ型の生活は一九世紀には既に考えられていた。ジュール・ヴェルヌの『海底二万里』（一八六九年）には次のような記述がある。「それだけの深度で動物が生きていられる理由を、どういうふうに説明なさるのかお尋ねしたいと思います」「まず、塩分と密度の相違によって起こる縦の流れが、ウミユリやヒトデのような原初的な生命を保つのに充分なだけの動きを生んでいるためです」（荒川浩充訳）。

カイロウドウケツ

海綿類（スポンジ）も代表的なナイスキャッチャーだ。岩肌を覆うタイプもあるが、深海で目立つのはやはり海底にスクッと立つガラス海綿だろう。これは海綿といっても、体を洗うスポンジのように柔らかくはない。硬いガラス質の骨格が複雑に織り込まれ、筒状の構造を作っている。特に花瓶状のものは〝ヴィーナスの花籠〟（Venus's Flower Basket）と称されるほど美しい。このひとつにカイロウドウケツ（偕老同穴）という種類がある。

カイロウドウケツ海綿（*Euplectella*）の筒内には雌雄一対の小エビ（同穴海老）が住んでいる。古来、夫婦仲睦まじく過ごすことを「生きては倶(とも)に老い、死んでは同じ墓所（穴）に葬られる」という意味で偕老同穴というが、この一対の小エビはそれを実践している。人の道（人倫）をエビが行なっているわけだ。欧米人にこういう話をすると、日本人は深海生物に人倫の象徴を見出すのか、と驚かれる。

カイロウドウケツ海綿の筒内は保護されているし、しかも、餌を含んだ水が取り込まれる。たまたま、小さいときにここに入った同穴海老にとっては居心地がよいので、同穴海老はここで共生する。しかし、これは一方的に恩恵を受ける共生なので片利共生あるいは寄生である。同穴海老は海綿の筒内から出られなくなるまで大きくなり、ここで一生を全うする。

三脚で立つ魚

三脚魚（tripod fish——イトヒキイワシ）という深海魚がいる。尾鰭（おひれ）と二つの腹鰭が伸長し、カメラの三脚のようにして海底に立つ変わり者だ。しかも、海底に立ちやすくするため鰾を捨ててしまったほどの変わり者だ。実はこれもナイスキャッチャーである。魚のくせにと思うかもしれないが、何本も細く伸長した胸鰭はのし袋の水引のよう、ウミユリの触手に相当する。

ナイスキャッチャーとして三脚魚は視覚や嗅覚よりも触覚が発達している。しかも、獲物が直接触れる前に感知するのだ。三脚魚は流れてくる動物プランクトンを餌にするが、この動物プランクトンが作りだす微妙な振動を感知する。夜、人の動きを感知して灯りをつけるセンサー（モーション・センサー）があるが、三脚魚のモーション・センシングはそれよりもずっと優れている。

ところで、三脚魚は海底に立っているばかりでは良人を見つけるのが大変だろう。やっと相手を見つけたとしても、それが同性だったらガッカリだ。三脚魚はどうやって繁殖するのだろう、などといらぬお世話をしたくなるが、半分は本当にいらぬお世話である。三脚魚は雌雄同体だからだ。相手を見つけたとき、どうやって雌雄を分担するかは知らないが、とにかくどちらかが必ず雄になり、他方が雌になるのだ。

定式化から外れたナイスキャッチャーたち

ナイスキャッチ型の生物にとって、ある程度までは流れの速いほうが捕獲効率が上がる。したがって、流れが適度に速いところでは深海でも例外的に生物量が大きくなる。もちろん、流れがあまり速すぎてはうまく捕獲できないだろうし、そもそも幼生がその場所に着生して成長することも難しいだろう。水流は気流と違って抵抗が大きいので、立っていることさえままならないはずだ。

フロリダ半島の西側にはフロリダ海台という水深二〇〇メートル以浅の広大な平坦海底が広がり、その西縁は一気に水深三〇〇〇メートルまで落ちる急な崖になっている。この海崖（かいがい）基部には強い深海流があり、その速さは場所によって毎秒一メートルを超えるという。

このフロリダ海崖の生物量は異常で、他の場所に比べて一〇倍以上も多い。露出している岩肌の大半、場所によってはほぼ全面が生物に覆われている。構成種の大半は深海カイメンとヤギ類（深海サンゴ）で、どちらも際立った〝ナイスキャッチャー〟だ。

一般に水深が増すごとに、そして陸からの距離が増すごとに、生物量は少なくなる傾向がある。海底の生物量は表層および陸由来の有機物供給量に依存するからである。その傾向を海底の「流れ」が変える。ナイスキャッチャーたちは流れに身をまかせ、その場その場で栄えている。定式化し得る生物量分布と、定式化から外れたナイスキャッチャーたち。それは深海の不易流行の二局面だ。

海底の生首

さて、フロリダ海崖の生物群集では、生物が海底面を覆う割合（占有率）は二五パーセント以上に達した。これはやはり異常な高率である。場所によっては占有率一〇〇パーセントという場合もあり、こうなるともはや餌をめぐる競争というよりも場所をめぐる競争である。流れの中に体を置くには、サンゴのような剛構造か、ウミユリのような柔構造が必要だ。そして、流れに対して体を支えるための支持基盤が必要だ。深海サンゴもウミユリも岩石や露岩のようなしっかりした基質に体を固着している。崖のような急傾斜ならそういう基質も見つけやすいだろう。しかし、平坦な海底だと表面を堆積物（底泥）が厚く覆い、硬い基質を見つけるのが大変だ。これではせっかく流れがあっても、それを利用できないことになる。やはり、餌不足の次の難題は場所不足なのだ。

一九九一年、「しんかい六五〇〇」が日本海溝の底、つまり巨大地震の巣に大きな割れ目を発見した。地震学者たちは大喜びだ。しかし、この割れ目の底には眼を疑うものがあった。人の首だ。恐る恐るカメラをズームインしてみると、マネキンの首だった。よりによって何でこんなところに、と声が上がる。でも、その声は、あぁマネキンでよかった、という安堵感にあふれている。水深は六二七一メートルだった。

それからちょうど一年後、「しんかい六五〇〇」は例のマネキンを再訪問した。そこには、マネキンの首の半分ほどの大きさのウミシダが生えていた。ウミシダは柄のないウミユリで、やはりナイスキャッチャーである。きっと、ウミシダも落ち着く場所が欲しかったのだろう。そして、マネキンの首を見つけ、そこで育ったのだ、この一年の間に。

生物量の豊富な深海の名峰

海溝は海底の長大な谷だ。その一方、海底には海山という山もある。海山のほとんどはかつての、あるいは活動中の海底火山で、海面から顔を出せば火山島と呼ばれることになる。ギネスブックによると、最も高い海山はトンガ海溝沿いにあり、海底基部から山頂までの比高が八七〇〇メートルもある。これは世界で二番目に高い山K２（標高八六一一メートル）よりも高いことになる。さらに、ハワイ島のマウナケア山（標高四二〇五メートル）は海底から測ると比高一万メートル以上にもなる。

日本の近海にも海山はたくさんある。その中でも、北海道の積丹(しゃこたん)半島沖の後志(しりべし)海山はその姿が特に美しい(と想像する)。見事なまでに整った円錐形の山体は西側基部から山頂まで比高約三〇〇〇メートルの独立峰。姿・大きさともに富士山に似た、海底の名峰である。ところで、この名峰には生物量が多いが、その理由は何だろう。

一般に海山は生物量が豊富である。海底を這うような底層流が海山にぶつかって上昇流になり、そのとき、いつもより余計に海底の堆積物(底泥)を巻き込むのだろう。そして海山の斜面に生息するナイスキャッチャーたちに平均以上の懸濁物を贈るのだろう。斜面のきついところでは露岩も多く、住む場所も豊富だ。餌にも場所にも恵まれたところ、それが海山なのである。

後志海山は姿形だけでなく、上昇流においても名峰なのかもしれない。山の斜面のいたるところでオオキンヤギ(深海サンゴ)が大きく枝を広げている。ヤギの枝にはタラバエビが群がっているが、ヤギの軟体部(ポリプ)を食べるのか、あるいはヤギの取った餌を横取りするのか、いずれにしてもヤギは他の生物に恩恵を与えている。

海底のマスゲーム、クモヒトデ

後志海山の頂上部（水深約二〇〇メートル）にはクモヒトデが群生している。いずれも腕を持ち上げてナイスキャッチを狙っている。ちょうど手の平を上にして指をすぼめた形だ。クモヒトデはよく見かける深海の住人だ。ふつうは散在しているが、大群集になることもある。一平方メートルあたり数百個体などという、満員電車的な高密度群集にもなるほどだ。

その一つが三陸は大槌沖、水深二八〇メートルの海底にあった。人口密度ならぬクモヒトデ密度は一平方メートルあたり三七三個体、重さにして一二四グラムに上ったという（調査は東京大学海洋研究所・太田秀教授ら）。こんな満員状態でもクモヒトデは行儀よく、礼儀正しく並んでいる。親しき仲にも礼儀あり、ということか。

ここのクモヒトデは腕を広げた大きさが四〜一〇センチくらい。互いに重ならないように、一方の腕と他方の腕が先端で接するように並んでいる。こうすれば、体を重ねることなく、かなり密に並ぶことができる。お隣までの距離は平均三・四センチだ。幾何学的な配置パターンがとても美しい。海底のマスゲームといった趣だ。この密度で生息できるほど、餌が豊富にあるということだろう。

クモヒトデが海底を歩くのを見ると、とても柔軟でしなやかという印象を受ける。腕をムチのように曲げ伸ばし、わりと敏捷に移動する。しかし、クモヒトデを捕まえようとすると、状況は一変する。クモヒトデは頑固なまでに体を強ばらせる。そして、あのムチのような腕はもろくも千切れ落ちる。その代わり本体部分は捕獲を免れ、残った腕はたちまちムチになり意外な速さで逃げていく。

クモヒトデに見る柔と剛の切換えは、棘皮動物に特有なキャッチ結合組織による（本川達雄『ゾウの時間　ネズミの時間』）。柔と剛の切換え、これもひとつの世界から別の世界への移行である。クモヒトデはアナザーワールドの達人なのだ。

深海にも季節がある？

後志海山の山頂は浅いので、上昇流がずいぶん上まで、ひょっとすると光合成のできる浅さまで達しているかもしれない。こうなると、深海水は植物プランクトンの栄養（無機窒素やリン）に富んでいるので、光合成生産ひいては動物生産の向上している可能性がある。表層から降ってくるプランクトンの遺骸や動物の糞なども多くなり、海山生態系への餌供給はますます豊かになる。

表層が富むと深海も富む。表層の生物生産は、その九五パーセント以上が表層内でリサイクルされ、五パーセント足らずが深海へ降ってくる。五パーセント足らずといっても、元が大きければその五パーセントも大きくなる。また、表層から深海への有機物沈降は意外と速く（後述）、数日程度で深海に達することもあるという。これを表層・深海のリンクという。

表層・深海のリンクを定式化すると、ある水深で有機物が降ってくる量は表層の光合成生産、すなわち植物プランクトンの生産量に比例し、深さにほぼ反比例する。

中緯度海域の表層ではしばしば春や秋に植物プランクトンが大発生する。これはブルームと呼ばれている。ブルームが起きればもちろん深海への沈降有機物、いわゆるマリンスノーも多くなるが、これは深海側から見てもやはりブルームである。マリンスノーの豪雪だ。このマリンスノーの豪雪によって、深海にも季節の移り変わり、というか、豊穣・飢饉（ききん）のサイクルが存在するらしい。

表層・深海のリンクとフェージング

表層・深海のリンクの強さは深海に達するマリンスノーの量にかかっている。せっかく植物プランクトンのブルームが大きくても、それが直ちに動物プランクトンに食われて表層食物連鎖内でリサイクルされるのでは、深海への供給は少ないだけだ。言い換えれば、表層・深海のリンクの強さは、動物プランクトン・植物プランクトンの〝食う・食われる〟関係の強さに依存している。

北太平洋では植物→動物プランクトンの食物連鎖が強く、植物プランクトンのほとんどが表層で消費されてしまう。ここでは、深海に達する植物プランクトン遺骸（植物デトライタス）は少ない。一方、北大西洋では植物→動物プランクトンの食物連鎖が弱く、植物デトライタスの多くが深海に達する。

植物→動物プランクトンの食物連鎖の強弱は、植物・動物プランクトンの出現タイミングの問題だともいえる。植物プランクトンのブルームにうまく合わせて動物プランクトンが出現すれば、〝食う・食われる〟の関係は強くなる。これは光合成生産が効率よく食物連鎖に入り、漁業生産が大きくなるということだ。この出現タイミングの問題はカナダのパーソンズ博士により詳細に研究され、「フェージング」（位相合わせ）として提唱された。まだ十分に理解されているとはいえないが、海洋生態学や水産学にとって重要な概念である（ちなみにパーソンズ博士は二〇〇一年に第一七回日本国際賞 Japan Prizeを受賞している）。

フェージングがよいと植物プランクトン生産が効率よく消費され、深海への供給が減少する。つまり、表層・深海のリンクとフェージングは相反関係にある。北太平洋ではフェージングがよいので、表層・深海のリンクが弱くなり、深海生態系にとってはあまりよい話ではない。一方、北大西洋ではフェージングがよくないので表層・深海のリンクが強く、深海生態系は北太平洋よりも豊富で多様性に富んでいる、という。

下降・沈降の中で営まれる生活

「しんかい二〇〇〇」はカバに似ているといった人がいる。その通りでスマートではない。しかし、その反面、とても愛敬(あいきょう)がある。「しんかい二〇〇〇」は毎分約二〇メートルの速度で下降する。単純に計算すれば水深二〇〇〇メートルまで一時間四〇分かかることになる。「しんかい六五〇〇」はスピードアップして毎分四〇メートル以上、水深六五〇〇メートルまで約二時間三〇分で行ける。いろいろな性能向上の中でも形をスマートにしたのが効果的だったらしい。確かに「しんかい六五〇〇」は縦にも横にも流線型のイメージが強い。

潜水船が下降するとき、マリンスノーが上へ過ぎていく。上に降るマリンスノーだ。しかし、潜水船の下降のほうが速いだけで、実際にはマリンスノーも沈降している。潜水船の下降速度を一日あたりにすると約三万から六万メートルになる。一方、マリンスノーの沈降速度は一日あたり数十から数百メートル、速いもので一〇〇〇メートルの大台にのるくらいだ。

珪藻(けいそう)という植物プランクトンはガラス質の殻を持っているのに自分では泳げないから、そのままではただ沈むだけ、やがては光の届かない深みに入り光合成ができずに死んでしまう。だから珪藻はできるだけゆっくり沈むよう、あわよくば上昇流にのって浅所に運んでもらえるように体の構造を特殊化している。したがって植物プランクトンの沈降速度はきわめて遅く、一日一メートルにならない場合もある。

動物プランクトンは自分で泳げるものが多いから生きている間はほとんど沈降しないが、遺骸や脱皮殻などは一日あたり数百メートルも沈降することがある。こうなると、数千メートルの海底まで二、三週間で到達できることになる。

深海エキスプレスの意外な正体

速く沈降する粒子の代表格は殻のあるプランクトンの遺骸だ。特に有孔虫という有殻アメーバや翼足類（よくそく）という遊泳貝類の殻が速く沈降する。遊泳貝類といえば、クリオネ（ハダカカメガイ）という無殻翼足類を思い出す。貝殻はないが立派な巻き貝の一種で、透明な体で海中を優雅に遊泳する姿は自然美の極致。流氷とともにオホーツク海の名物で「流氷の天使」とも呼ばれるとか。北海道網走市のオホーツク水族館（二〇〇二年閉館）で飼育に成功したとの新聞記事もあった。

円石藻（えんせきそう）という植物プランクトンも猛スピードで沈降する。一億年ほど前の白亜紀後期、円石藻類が大繁栄し、大量の「円石」（炭酸カルシウム）が海底に堆積した。これが隆起して現在陸地になっているところ、例えばイギリス海峡の両岸では、白亜の名にふさわしい白い地層（チョーク）が見られる。これが白墨、つまりチョークの語源になっている。黒板に書いたチョークの文字、学校生活は一億年前の海と無関係ではなかった。

一般にプランクトン体は沈降が遅く、そのままでは表層・深海の時間的リンクが弱くなる。しかし、いったん食われてから糞として排出されると、沈降速度は二〜三桁アップし、深海へ急速に運ばれることになる。糞になることでより密にパックされるからである。また、「ストークスの式」というものによると、動物プランクトンの糞程度のサイズでは、球形粒子の沈降速度は粒径の二乗に比例するとのこと、大きければ大きいほど速く沈むということになる。糞、といってバカにしてはいけない。パック効果やストークス効果により、深海への物質輸送を急速化しているのだから。

海洋における糞は海底への超特急、深海エキスプレスなのである。

深海のハシゴ

深海への物質輸送にはさらに超々特急がある。数千メートルの深海まで数日で達するほどのスピード輸送だ。マリンスノーや深海エキスプレスでは遺骸や糞が主役だったが、超々特急の主役は生きた動物プランクトンや魚類だ。

動物プランクトンには日周鉛直移動(えんちょくいどう)といって、一昼夜のうちに上昇・下降を行なうものがいる。この上昇・下降の距離は種類や生息深度によって異なるが、数百から一〇〇〇メートル以上移動する場合もあるらしい。表層でよく見られるパターンは、昼間は深所に隠れ、夜になると浅所に上昇して餌となる植物プランクトンを食べるという行動である。

夜が明けると、満腹になった動物プランクトンはまた深みへ降りていく。と、そこには、さらに深いところから上がってきた動物プランクトンが待ち構えている。まるで待ち伏せ攻撃だ。この待ち伏せ攻撃に成功し、お腹いっぱいになった動物プランクトンは深所へ凱旋(がいせん)する。と、そこには、さらに深々所から上がってきた深海魚が待ち構えている。

〝食う・食われる〟の関係、すなわち食物連鎖はふつうはヨコ向きに(たいてい左から右に)描かれる。しかし、海洋ではこれが鉛直方向にも形成されている。つまり、ヨコのものをタテにした形だ。そして、タテ向きの食物連鎖とは日周鉛直移動の連鎖のことである。浅いところで満腹になり深いところで食われてしまう、という連鎖だ。

この日周鉛直移動の連鎖を「鉛直移動のハシゴ」という。一段降りるのに一日かかるハシゴだが、一段は数十メートルから数百メートルに相当する。場合によっては〝一段とばし〟もあり得るだろう。したがって、最も効率よく降りられれば、深さ数千メートルの海底まで数日で達することも可能である。

圧力変化への適応

鉛直移動のハシゴは生きたプランクトンの上昇・下降で成り立っている。一段が数百メートルということは、そのプランクトンが一日で数百メートルを上昇・下降することである。この間の水圧変化は数十気圧になるはずだが、それに耐え得るのは驚きだ。

鉛直移動には日周の他に季節的なものもあり、それは生き物の生活史と関係している。代表的な動物プランクトンであるカラヌス類の一種は水深数百メートルで卵からかえり、幼生が成長するにしたがい浅いほうへ移動する。育ち盛りの青年期はうまく植物プランクトンのブルーム期にあたり、たらふく餌を食べて性的に成熟すると深みへ潜っていく。時として水深二〇〇〇メートルに達することもあるという。そして、この深みで卵を生み、また新しい一サイクルが始まる。

これは一年がかりの鉛直移動なので日周鉛直移動ほど過激な圧力変化ではないかもしれない。しかし、クジラにしろ、カラヌスにしろ、一〇〇〇メートル以上の鉛直移動は一〇〇気圧以上の圧力変化をともなう。単に高圧下で生きるのなら高圧に適応すればよいのだが、圧力変化の中で生きるにはどんな適応進化を遂げればよいのだろう。また、自分のいる水深をどうやって知るのだろう。ある種の魚は水深一〇〇〇メートルまでなら光を感知できるらしい。鮫やエイにはローレンツィニ器官という電気受容器があるが、これは圧力変化に反応する一種の圧電素子(あつでんそし)でもある。エビ・カニなどは三気圧分の圧力変化で体の内外に約〇・〇一ボルトの電位差が生じるらしい。魚の鰾や無脊椎動物の平衡胞(へいこうほう)は感圧器官であるともいう。

ワックス・マジック

クジラ、特にマッコウクジラは一〇〇〇メートル以深、ときには二〇〇〇メートルの深海まで潜るという。一時間くらいは潜水できるとしても片道三〇分、毎分七〇メートルの下降・上昇は潜水船よりも速い。どうしたらこんなに速く潜れるのだろう。

謎を解く鍵のひとつはワックスにある。マッコウクジラのおでこには脳油（ワックス）が詰まっている。ワックスが特に多いのはメロン体という器官だが、これは超音波レンズのような器官で、海中でのコミュニケーションや反響定位（エコーロケーション）に使われるらしい。また、ここから超音波ビームをだして獲物をしとめるのかもしれない、という面白い話もある。

さて、マッコウクジラは潜水するにあたり、鼻（潮吹き穴）から冷たい海水を鼻腔内に入れる。すると、鼻腔に接するメロン体のワックスが冷やされて低温固化し密度が大きくなる、つまり浮力が小さくなる。マッコウクジラが潜るときはこうして浮力を減らす。逆に浮上するときは鼻腔から海水を追い出し、メロン体のワックスを温める。すると、ワックスが高温軟化し密度が小さくなる、つまり浮力が大きくなる。

浮き沈みにワックスの浮力変化を利用するのはクジラだけではない。動物プランクトンにもワックスを含有するものが多い。特に中層、すなわち水温躍層に分布する種はワックス含有量が高い。少しの浮き沈みが温度変化に直結するという水温躍層の〝地の利〟をいかし、それを浮力調節に使うとは、プランクトンとはいえ見上げたものだ。

温度差、塩分差、何かの濃度勾配、そういうものを利用して仕事をすることができる。クジラやプランクトンは鉛直温度勾配を利用してワックスの密度変化を起こし、鉛直移動という仕事をするのである。

ニタリ顔のクジラ

クジラには大別して歯クジラ類と鬚クジラ類のいることはご存じだろう。マッコウクジラは歯クジラで、イルカも歯クジラ類にふくまれる。イカや魚を食べるのが歯クジラだ。一方、鬚クジラはオキアミなどのプランクトンを食べる。大きな図体の割には小さな餌を食べる生き物だ。後で述べる〝食う・食われる〟の体サイズの法則が当てはまらない例外だ。

鬚クジラ類にはナガスクジラやセミクジラ、ニタリクジラなどが入る。鬚クジラ類の顔は口が～のようでニヤッとしているみたいだ。私は長い間、ニタリクジラとは「ニタリ顔のクジラ」の意味だと思っていた。鬚クジラの顔を見ているとこちらまでニタ～としてくるのだから、そんな命名もあるのかなぁ、と思っていた。真実は、外見がイワシクジラに似ているから「似たりクジラ」なのだそうだ。

歯クジラと鬚クジラは食べ物が違うだけでなく、夫婦のあり方も違うらしい。歯クジラ類は一般に亭主関白でしかも一夫多妻制とのこと。一方、鬚クジラ類は一般に雌のほうが大きく、奥様の権力が強いらしい。

深海魚のチョウチンアンコウになると奥様の強大化がさらに進み、旦那さんたち（複数形）は奥様の体に寄生するように生きている。よく図鑑では雌の体下部に雄が申し訳なさそうに描かれているが、こうなるとまさに女房の尻に敷かれた形だ。

忍法隠れ身の術

なぜ動物プランクトンが鉛直移動するのか、実のところ、その理由はまだよくわかっていない。いくつかの説があるが、私の考えによると、光に対する応答が大きな原因である。例えば、代表的な動物プランクトンであるカラヌス類には赤いものが多いが、これは海中世界を支配する「青い光」に対する適応である（カラヌス類はエビをまっすぐにして体長一ミリ以下にしたようなもの）。

カラヌスの赤い色はカロチン系の色素、つまりニンジンの赤い色の親戚である。これは青い光（波長四五〇～四七〇ナノメートル）をよく吸収する。生物にはこの波長に感受性のある

(何らかの悪影響を受ける) 種類が多く、カロチン系の色素で「青い光」をブロックするような工夫をしている。一種の日焼け止めみたいなものだ。

考えを続ける。カラヌスの赤い色は青色光ブロッカーとして働くだけでなく、自分の姿を消す機能も持っている。カラヌスは昼間はわりと深所、しばしば海底近くにいる。したがって、カラヌスを食う者 (捕食者) は上から襲うしかない。しかし、赤いカラヌスは海中では青色光を吸収して真っ黒にしか見えない。この真っ黒なカラヌスを上から見ると、深所の暗黒を背景にするのでほとんど見えなくなる。これぞカラヌス忍法隠れ身の術である。

もし、カラヌスが昼間に表面近くにいたら、捕食者はカラヌスを下から見上げることになる。明るい青を背景に真っ黒いカラヌスがよく見えることだろう。したがって、カラヌスにとって昼間は外に出ては、いや上に出てはいけないのだ。青色光も体に悪いことだし、やはり昼間は暗いところで寝るに限る。

色白の深海生物

青色光が体に悪いのなら、紫外線だってそうだろう。海洋生物に対する紫外線の影響は研究例があまり多くないが、表層に生息する種類はやはり何らかの紫外線対策をとっているに違いない。ちなみに紫外線も海中では急速に減少し、水深数十メートルでほとんど無影響になる。

プランクトンの中には表面、それも本当の表面で、水の表面張力が問題になるような世界に生息するものがいる。これはこれでアナザーワールドだが、ここに生息する種々の生物を総称してニューストンという。ニューストンはもちろん強力な紫外線を受けている。そこで、ふつうのプランクトンであるカラヌスとその近縁ニューストンとで、紫外線ブロッカーの有無や多少を調べてみた。すると、あんのじょう、ニューストンには波長三一〇ナノメートルの紫外線を吸収する物質が多かった。やはり、強い日光にさらされる者は日焼け止めクリームを使うのだ。

深海には光がない、紫外線もない。したがって、深海生物は紫外線に無防備だと考えられる。そこで、海洋科学技術センターの調査船「なつしま」に乗り込み、無人探査機「ドルフィン3K」で深海の動物プランクトンを取ってもらった。急ぎ研究室に帰り大学院生に紫外線感受性を調べてもらうと、これもあんのじょう、紫外線に対してきわめて弱く、ふつうの動物プランクトンならピンピンしている程度の紫外線強度で死んでしまった。

また、浅所の二枚貝は紫外線ブロッカーを持っているが、シロウリガイという深海二枚貝は持っていないらしい。やはり、深窓の令嬢は色白というが、深海の生き物も色白で紫外線の洗礼を受けていないらしい。

プランクトンとおにぎりの関係

ところで、カラヌスは体長が〇・一ミリから一ミリくらいで、小さなエビのようだが腰は曲がっていない。カラヌスは主に植物プランクトン、中でも珪藻をよく食べる。珪藻のガラス質の殻をバリバリ壊して中味をチュウチュウと吸い、食べ終わると殻をポイと捨てる。カラヌスの天敵はヤムシや小魚・仔稚魚などである。

大体、餌は自分の一〇分の一くらい小さく、天敵は自分の一〇倍くらい大きい。〝食う・食われる〟の関係も大きさで決まっているのだ。カラヌスに当てはめると、餌となる珪藻は〇・〇一から〇・一ミリくらい、天敵のヤムシや小魚・仔稚魚は一センチ内外から数センチで、いい加減な推定にしてはよく合っている。

これを人間に当てはめてみよう。人間の比重を一とすると、体重六〇キロの人は直径約五〇センチの球に相当する。すると、餌の大きさは直径約五センチくらい、ということになる。ビスケットくらいの大きさのおにぎりだ。どうだろう、パクッと食べるのにちょうどよい大きさではないだろうか。われわれはなぜ寿司やおにぎりを食べるのか、寿司やおにぎりはなぜあの大きさなのか。それは、われわれが自分のサイズの一〇分の一を好むからだ。御飯粒では小さすぎて食べにくいし、バスケットボールくらいだと大きすぎて食べにくい。やはり、人間の手や口は直径約五センチくらいの物を食べるようにできているのだ。

忍法レイノルズ数の術

本川達雄教授の『ゾウの時間　ネズミの時間』にレイノルズ数のことが書いてある。簡単に極論すれば、この世には「ネバネバ（粘性）の世界」と「スピード勝負（慣性）の世界」があって、レイノルズ数が一より小ならば「粘性の世界」、一より大ならば「慣性の世界」になる。

レイノルズ数は「流れの場」や流体中での移動を特徴づけるもので、無次元つまり単位がない。本川教授の表現を借りれば、

レイノルズ数　＝　速度×長さ×密度／粘度　＝　慣性力／粘性力

になる。レイノルズ数とは慣性力と粘性力の比を表わすものなのだ。

水の密度や粘度は大体決まっている。いろいろなサイズ（長さ）の生き物についてその移動速度を調べれば、体サイズとレイノルズ数との関係がわかってくる。本川教授によると、体長一ミリでレイノルズ数が一になる。

体長一ミリといえば、ちょうどカラヌスのサイズだ。では、カラヌスは「粘性の世界」と「慣性の世界」のどちらに生きているのだろうか。『ゾウの時間　ネズミの時間』ではツリガ

ネムシという生物がちょうどこのサイズで、二つの世界を股にかけている様子が紹介された。カラヌスもツリガネムシのように「忍法レイノルズ数の術」で二つの世界を生き分けているのだろうか。

二つの世界を生き分ける

まず、カラヌスが餌を食べる場合を考える。「粘性の世界」での摂餌とは、水流を起こすことである。あなたの数メートル前に餌があるとしよう。「粘性の世界」では、餌にバッと飛びつく必要はない。両手を口のそばに持っていき、口へ向かう水流を起こせばよいのだ。この水流のベルトコンベヤーにのって、遠くの餌でも必ずあなたの口元までやってくる。そう、ズルズルと餌を呼び込むのだ。カラヌスの摂餌はまさにこの方法だ。もっと小さな繊毛虫（ゾウリムシの類）もこの水流方式で餌を摂っている。

次に、カラヌスが食われる場合を考える。カラヌスを襲う天敵は一センチかそれ以上、「スピード勝負（慣性）の世界」の住人だ。彼らはカラヌスを見つけるとパッと襲ってくる。こんなとき、粘性の世界にとどまってズルズル、ネバネバやっていたのでは簡単に食われてしまう。ひとつの解決法は、一瞬でいいから敵の攻撃よりも速く移動することである。瞬発力ということだ。

確かにカラヌスの泳ぎ方は変わっている。ピュンッ、ピュンッと瞬発的に泳ぐ。水槽のカラヌスをピペットで吸おうとしても、いつもこのピュンッ、ピュンッで逃げられてしまう。もっとも、私の腕が未熟なせいもあろうが。

こうして見るとカラヌスは一ミリという体長、つまりレイノルズ数が一という利点をいかし、食うときには「粘性の世界」でズルズルやり、食われそうになると「慣性の世界」に逃げ込むようだ。二つの世界を股にかけた巧妙な生き方である。これもアナザーワールドの達人といえよう。

現在、地球上で最も豊富に存在する多細胞動物はカラヌスだそうだ。アリやハエ、カよりもカラヌスのほうが多いとは意外な気もするが、これもアナザワールドの達人たる所以(ゆえん)だろう。

二つの世界を生き分けることでカラヌスは大繁栄を築いた。そして、二つの世界を股にかけることでカラヌスは海洋生物生産を豊かにもしている。というのは、カラヌスがいなければ「慣性の世界」の生物は、「粘性の世界」の生物を効率よく食べることができず、主に微細藻類による光合成生産が動物生産に結び付かなくなるからだ。カラヌスは二つの世界を結び、微小生物と大型動物の食物連鎖をつないでいるのだ。

第三章
謎の深海生物チューブワーム

時が来た、いろいろなことを話す時が……なぜ海が熱くたぎるのかを。
（ルイス・キャロル『鏡の国のアリス』より）

生命の渦――モノローグ

地球の生命は太陽に生かされている。太陽は、冷たい宇宙に浮かぶ地球を温め、水が液体で存在できる適度な温度を維持する。太陽は、植物に光を与えて光合成を行なわせ、食物連鎖をスタートさせる。太陽の熱と光は宇宙を流れ、地球という惑星で渦をまいて生命を育んでいる。生命の渦がここにある。

火の玉だった原始地球

しかし、生命の渦のエネルギー源は太陽だけではない。地球それ自身も内部に熱エネルギーを持っている。

シュミットの惑星集積理論によると、原始地球は約四六億年前に宇宙塵（うちゅうじん）が集積して形成された。原始太陽系星雲で宇宙塵が集まって小石になり、小石が集まって大石になり、大石が集まって……隕石（いんせき）や微惑星と呼ばれるサイズになった。隕石や微惑星はさらに衝突を繰り返し、やがてはもっと大きな天体、すなわち惑星になったのである。

隕石や微惑星が衝突するたび、原始地球の内部に莫大(ばくだい)な熱が生じた。ときには月サイズの微惑星による大爆撃もあっただろう。特に地下二〇〇〜四〇〇キロは灼熱(しゃくねつ)の海、ドロドロに溶けたマグマ・オーシャンと化した。これに加えて、原始地球内部では断熱圧縮（ギュッと縮めると熱くなる）や放射性元素の崩壊（天然の原子炉）も巨大な熱源となり、原始地球をさらに加熱した。原始地球は表面温度一万度以上の火の玉だったと考えられている。

時代が進むにつれ、隕石や微惑星の衝突がだんだん少なくなってくる。それにつれ、火の玉だった地球もだんだん冷えてくる。しかし、四六億年という時間ではまだ冷えきらない。地球はまだ熱いのだ。原始地球の残り火ともいえる内部熱源は、地球の中心核（コア）と中層（マントル）にあるという。コアは鉄を主成分とした硬い核で、マントルは岩石だが高温で柔らかくなっているので流動性を持っている。マントルはゆっくりと動き、長い目で見ると熱対流している。

火の渦

地球を卵にたとえると、コアは黄身、マントルは白身。マントル対流とは熱い白身が対流しているようなものだ。熱い味噌汁を見ていると、湧き上がる部分と沈み込む部分がわかるだろう。対流とは湧き上がりと沈み込みの連動である。マントル対流の湧き上がりは地殻にひび割れを作り、マントル対流の沈み込みは地殻をひきずり込む。

湧き上がりによる地殻のひび割れは地球をめぐっている。野球ボールの縫い目のように地球を走るひび割れは、現在のところ総延長八万キロ、地球二周分である。この地殻のひび割れから高温マグマが見えるとしたら、地球を赤い火が取り巻くように見えるだろう。宇宙から見た地球は、火の竜がのたうっているように見えるだろう。

地球生命圏は、この火の竜のエネルギーも使っている。火のエネルギー流もやはり渦を作り、生命を育んでいるからだ。この火の渦は、太陽放射の渦とは全く別ものといってよい。なぜなら、火の渦は地球内部からのエネルギー渦であり、太陽放射のエネルギー渦は外部からのものであるからだ。

もし、明日にも太陽が輝きを失ったら、地球のほとんどの生命の渦は消えてしまう。しかし、火のエネルギー流に支えられた生命があるとしたら、その生命の渦だけは残るだろう。では、そのような生命の渦はどこにあるのだろうか。

太平洋の火の環

地球表面の七一パーセントは海洋であり、その海洋の四六パーセントは太平洋である。つまり、地球表面の三二パーセント、約三分の一は太平洋ということになる。赤道軌道を回る人工衛星は半周近くを太平洋の上空で過ごすことになる。

火の竜はこの広大な太平洋を縁取るように横たわっている。太平洋を囲むように火山列が並ぶ。日本列島、千島列島、伊豆・小笠原諸島、アリューシャン列島などの島弧火山列。南米西岸のアンデス山脈や北米西岸のカスケード山脈などの火山脈。これらは太平洋をグルリと囲み、環太平洋火山帯、あるいは太平洋の火の環（Ring of Fire）と呼ばれている。ここに世界の活火山および休火山の七五パーセント以上があるといわれている。

南米のアンデス山脈は大したものだ。この山脈一枚で太平洋とアマゾン川を分けているのだから。このカミソリの刃のような山脈の壁がなければ、太平洋と大西洋はアマゾン川でつながってしまうかもしれない。延長約七〇〇〇キロの大河アマゾンは太平洋まであとわずか二〇〇キロまで迫っているのだから。

アンデス山脈は地球最大規模の火山脈で「地獄の炉」という人もいる。あの進化論で有名なダーウィンも『ビーグル号航海記』でアンデス山脈の火山噴火の様子を記している。ビーグル号がチリ南部のチロエ島に寄港したときのこと、大アンデスのコルコバド山が噴火し、同時に他の二、三の火山も噴火した。ダーウィンもあの大アンデスを隆起させた地獄の炉の強大さに感嘆している。

ガラパゴス・リフトの熱水噴出

ダーウィンが生物進化のインスピレーションを得たのは、ガラパゴス諸島の生き物に出会ったからだ。例えば、ガラパゴス諸島のダーウィン・フィンチという鳥は、南米大陸から移住した一種類の共通祖先の子孫なのに、島ごとに分かれて生活するうちに形態や生態が分化し、現在では一二種類もいるという。それも、ある種類は果実を食べ、別の種類は昆虫を食べるので、クチバシの形もそれぞれ果実や昆虫を食べやすいように変化したというのだから、進化の妙に驚かされる。

そのガラパゴス諸島の海底で初めて、生命の渦を支える「火の竜」が発見されたのは偶然だろうか。地球をとり巻く地殻のひび割れはほとんどが海底にある。そこではマグマと海水の反応、「火と水の戦い」が繰り広げられている。その現場を目撃するために、地球科学者たちはいくつかの候補地を挙げた。その一つがガラパゴス沖、ガラパゴス・リフトという海底のひび割れだったのだ。ところで、このリフトはrift（溝）の意で、lift（持ち上げる）ではない。もっともriftとは、海底が山脈状に盛り上がりその軸部が凹んでいる地形なので、rift in liftといえなくもない。

一九七二年、ガラパゴス・リフトの海底下で海水がマグマと反応して循環する熱水噴出の可能性が指摘された。一九七六年五月、ガラパゴス・リフト海底に高水温と高濃度のヘリウム同位体が発見された。また、写真には二枚貝の密生群集も写っていた。翌一九七七年の二、三月、満を持して潜水船「アルビン」の出番となり、ガラパゴス・リフト水深二五〇〇メートルの海底でついに熱水噴出の現場を発見した。といっても、このときの最高水温はせいぜい一七度（周囲水温は二度）、温水噴出といったほうがいいくらいだ。それでも〝温水〟の化学分析は温水が熱水起源であることを示していた。

このときは四つの温泉に名前が付けられ、重点的に調査された。クラムベーク（ハマグリ焼き）、ダンディライオン（タンポポ）、ガーデン・オブ・エデン（エデンの園）、オイスター・ベッド（カキ棚）の四つである。命名の由来はわかるようでわからないが、いずれも生物が豊富そうな印象を伝えている。

思いは熱水よりも熱く

ガラパゴス・リフトは海底のひび割れとしては関脇か大関級で、少なくとも横綱級ではない。横綱級のリフトで「これぞ熱水噴出！」が発見されたのは二年後の一九七九年のことだ。三月下旬から五月上旬の春の陽光を受け、ディープトウ（深海曳航調査）と潜水船「アルビン」を連携させた一大プロジェクト「ライズ計画」が行なわれた。ライズ計画のターゲットは東太平洋海膨（かいぼう）という横綱級の海底ひび割れだ。ライズ（RISE）という名称は、リベラ潜水船実験（Rivera Submersible Experiments）計画の略称だというが、海膨（rise）を意識したことは間違いないだろう。そして、ライズが狙ったのはメキシコ沖、東太平洋海膨が北緯二一度線と交わるところだ（実際はそのすぐ南）。

ディープトウでわかった高水温異常をもとに候補地点を絞り込み、いよいよ潜水船「アルビン」の出番だ。双胴船の母船「ルル」から潜水船「アルビン」が降ろされる。東太平洋海膨の水深二六〇〇メートルへ向けて世紀の潜航が始まる。

「アルビン」の下降速度は毎分約二七メートル、二六〇〇メートルまで一時間四〇分足らずの我慢になる。新幹線「のぞみ」号だと東京―名古屋間に相当する。待ち焦がれて到着した海底には黒い岩が露出していた。泥が積もってないので、新しい岩だ、それも新しい溶岩だ。水平航走に移ると水温が高くなってきた。景色もガラパゴス・リフトの温泉に似ている。突然、潜水船の行く手に異様な光景が現われた。海底に筒状の突起が立ち、煙のようなものが噴き上がっている。まるで海底の煙突だ。実はこの煙こそ熱水で、とうとう熱水噴出の現場を押さえたわけだ。何年にもわたる調査、分析、忍耐の勝利の瞬間だ。彼らの思いは熱水よりも熱かったに違いない。

沸騰しない熱水

その熱水の温度は三八〇度プラスマイナス三〇度。誤差が大きいのには理由がある。こんなに高温とは知らず、最初に持っていった温度計は焼けただれてしまった。おまけにライズ計画では、それと同じ温度計しかなかった。そこで、この型の温度計がこんなに焼けただれてしまうには最低このくらい熱くなければ、という推定をした。それが三八〇度プラスマイナス三〇度という熱水温度なのだ。こんなに高温でもなぜ熱水は沸騰しないのか。それは水圧のおかげだ。圧力が高いと水の沸騰温度が上がる。圧力鍋だと一〇〇度以上で煮炊きできるので、調理時間が短縮でき味もよくなるという。逆に圧力が一気圧以下だと水は一〇〇度になる前に沸騰してしまう。富士山の頂上でお湯を沸かしても、ぬるいとはいわないがカップ麺にはちょっと不向きかもしれない。

もし、海底熱水が沸騰していたら、気泡が潜水船の視野をさえぎり、安全な調査が困難になるだろう。間違って熱水噴出の真上にいって、船体に致命的なダメージを受けたら大変だ。そして、もっと恐ろしいのは、水蒸気爆発だ。熱水が海底下で沸騰して水蒸気がたまり、その膨圧が十分大きくなると岩盤を吹き飛ばしてしまうだろう。そんなことに巻き込まれたら本当に大変だ。

ところで、圧力が高ければ水の沸騰温度も際限なく上がるのかというと、そうでもない。

臨界点というものがあって、水の臨界点は三七四度（二一七気圧）。これより高温だと圧力がどんなに大きくても水は沸騰する。ただし、これは純水の話で、いろいろな化学成分を大量に溶かし込んだ熱水の臨界温度はもう少し高いかもしれない。三八〇度プラスマイナス三〇度というのはかなりいい推定だろう。

深海の不思議は空想を超える

紀元前一六〇〇～一五〇〇年頃、エーゲ海にはクレタ島を本拠地とするミノア文明が繁栄していたが、どういう理由かあっけなく滅んでしまった。一説によると、これはローマ帝国のような衰亡ではなく、地震や噴火（ティラ島サントリーニ火山）による天変地異的な滅亡だそうだ。エーゲ海は地質学的に活動的な場所なので、こういうことも十分あり得るのだろう。ギリシア神話には、そんな火山噴火の様子が生き生きと描写されている。

…ゼウスがシシリ（シチリア島）のエトナ山を彼の上に投げつけた。これは巨大な山であって、その時より今日にいたるまで投げられた雷霆より火が噴きあがっているのであるということだ。

（高津春繁訳『ギリシア神話』より）

想像力の豊かさでは一九世紀の作家も負けていない。フランスのジュール・ヴェルヌは『海底二万里』という謎の潜水艦ノーチラス号の物語を著わしたが、その中で先述のサントリーニ火山付近の海底火山活動を描写している。

「わたしたちは沸騰している海流中にいるのですから」……側壁が開き、ノーチラス号の周囲が一面に白くなっているのが見えた。ボイラーのように沸騰している海水中を、イオウの蒸気が立ちのぼっていた……。

「火山地帯の海域で、地形変動が終わるということはありません」と船長は答えた。

「そういう場所では、地球は常に地下の火によって動かされているのです……」

（荒川浩充訳より）

ヴェルヌがエーゲ海の海底熱水活動を想定したのは一八六〇年代。それから一〇〇年、シチリア島沖のティレニア海で熱水活動が科学的に調査されはじめた。事実が想像に追いつき、想像を超える時代が始まった。

謎の深海生物チューブワーム

イギリスの天文学者にしてSF作家であるフレッド・ホイルは『暗黒星雲』という小説で「科学の世界、予言あるだけ」と書いている。極端なもののいいようだが、仮説にもとづいて何かを予測し、その予測が正しかったかどうか、それだけが仮説の正誤判断になる、という考えだ。

海底熱水噴出は予測通りに発見できた。それは地球科学という学問を通した自然認識の勝利だった。しかし、その勝利は同時に驚異の発見をもたらした。いや、驚異というより驚愕（きょうがく）だった。ガラパゴス・リフトでも東太平洋海膨でも、熱水噴出に加えてもう一つの、全く予想だにしなかった大発見があった。全く予期せぬ発見という点では、「科学の世界、予言あるだけ」説によると正誤・勝敗以前の問題である。しかし、それは自然史（natural history）における二〇世紀最大の発見といわれている。

海底の熱泉や温泉には今まで誰も見たこともない生き物が密生していた。いや、群生というほうが適切だろう。大きいものは二メートルにもなる細長い筒（チューブ）が林立し、先端からは赤いビロードのような舌が出ている。白いチューブに赤いビロード、誰が名づけたかチューブワームと呼ばれるようになった。潜水船の視界いっぱいに広がる謎の深海生物の群生。チューブワームの森。何と印象的な光景なのだろうか。そして、誰もが初めて見る光景だった。

チューブワームには口がなかった。舌に見えたのはエラに相当する器官で、細い糸が房になり、それこそビロードのようだ。白いチューブはタンパク質とキチン質でできていて、カニ・エビの甲羅や昆虫の殻に似た成分だ。チューブを切り開くと軟体部が出てくる。赤いビロードは先端の数センチで、その下には筋肉質の部分がやはり数センチある。この筋肉が横に張って軟体部をチューブ内に固定するのだ。この筋肉は赤いエラとその下に続く軟体部の連結部を覆うように見えるので、羽織と呼ばれる。これがチューブワームの和名ハオリムシの由来だ。

チューブワームはゴカイの一種

口も消化管も肛門もない奇妙な深海生物のいることは以前から知られており、ポゴノフォラと呼ばれていた。ポゴノは〝鬚〟、フォラは〝持つ〟の意味のギリシア語で、エラが鬚状に見える。ポゴノフォラは、ノルウェーのフィヨルド（溺（おぼ）れ谷）の底から採取されているし、調査船「ビチャージ」も千島海溝で採取している。

熱水噴出孔で発見されたチューブワームはポゴノフォラに似ていたが、体構成がやや異なり、ベスティメンティフェラと名づけられた。ベスティメンティとは〝羽織〟、フェラは

〝持つ〟の意味のラテン語である。しかし、いちいちベスティメンティフェラといっていると、いつか舌と唇を噛みそうだ。

そこで、本書ではベスティメンティフェラを指して単にチューブワームという。広い意味で考えると、生管を作る虫はみんなチューブワームだ。ゴカイだってチューブワームになる。でも、ここは狭い意味で深海のチューブを持つ生物を指すことにする。

チューブワームが特異な動物なのか、あるいは何かの動物に近縁なのか、それを調べるために、多くの研究がなされてきた。

まず、チューブワームが卵からかえった最初の幼生はポゴノフォラの幼生にそっくりで、おまけにゴカイの幼生にもそっくりだった。そして、チューブワームのエラの赤い色は、人間の血が赤いのと同じ、ヘモグロビンの色だ。高知大学の鈴木知彦博士らがこのヘモグロビン（タンパク質）のアミノ酸配列を調べたところ、ゴカイのそれによく似ていた。チューブワーム＝ゴカイ近縁説のパワーアップだ。

チューブワームらしさ

遺伝子を調べてもチューブワームとゴカイはよく似ていた。イギリスや日本のグループによってリボソーム遺伝子の塩基配列や、そのリボソームの働き（タンパク質合成）を助ける伸長因子の遺伝子の塩基配列が分析された。また、ミトコンドリアDNA上の遺伝子の塩基配列も調べられている。こういう遺伝子レベルでの研究によると、チューブワームはゴカイにとても近縁で、外見ほど特異ではないようだ。最近では消化管のないゴカイまで出てきた。チューブワームとゴカイの垣根は低くなるばかりだ。チューブワームとポゴノフォラをひとまとめにし、丸ごとゴカイ・グループに入れてしまえ、という意見もあるくらいだ。

しかし、口も肛門もないというチューブワームの生き様はやはり異様だ。だから、そういう生き様のゴカイがいるのなら、それもチューブワームと呼んでしまおう。逆に、たとえベスティメンティフェラでも「チューブワームらしさ」を失ったら、それはもうチューブワームではない。

「チューブワームらしさ」について、ミドリムシを例にしてもう少し考えたい。ミドリムシは葉緑体があり光合成をするから植物だ。しかし、中には葉緑体を失ったミドリムシと考えられている生物もいる。これはアスタシアと呼ばれるが、光合成ができない代わりに餌を食べるので動物扱いされている。アスタシアはミドリムシと同系なのになぜ扱いが違う？　それは、生き方が変わったからだ。ミドリムシは光合成を行ない（植物的）、アスタシアは餌を食べる（動物的）、と生き様が全く違うからだ。

「チューブワーム」という呼び名は、分類学の名称ではなく、生き様を表わす名前だ。だから、「チューブワームらしさ」のある動物は「チューブワーム的」といえるし、それで生管（チューブ）があれば立派な「チューブワーム」だ。では、その「チューブワームらしさ」とは何か。それは、次に述べるように、自ら食べることを放棄し（何たること！）、その代わり共生バクテリアを持つようになったことだ。

食べることを放棄したチューブワーム

チューブワームの構造は、先端からエラ、筋肉があり、その下方に一つの細長い袋が続く。ソーセージを細長くしたようなものだ。これが延々と続いて、終わりのほうにちょこっとシッポのような組織があるだけだ。驚くべきことにチューブワームの体の大半はソーセージなのだ。口もなければ、胃や腸もない、肛門もない。あるのは赤いビロード状のエラと、羽織状の筋肉と、体の五〇パーセント以上を占める細長いソーセージ状の部分だけだ。

エラと筋肉は何のためにあるのかわかる。しかし、ソーセージ状の部分の役割は？　わけのわからない部分でも、体の五〇パーセント以上を占めるのにはそれなりの理由があるのだろう。ソーセージを解剖すると、血管系が出てきた。エラでガス交換を行ない、新鮮なガスを体内に送り込むための血管系なのだろう。でも、新鮮なガスって深海にあるのだろうか。熱水噴出孔のガス成分っていえば、有毒の硫化水素が多いのに。

チューブワームの構造図

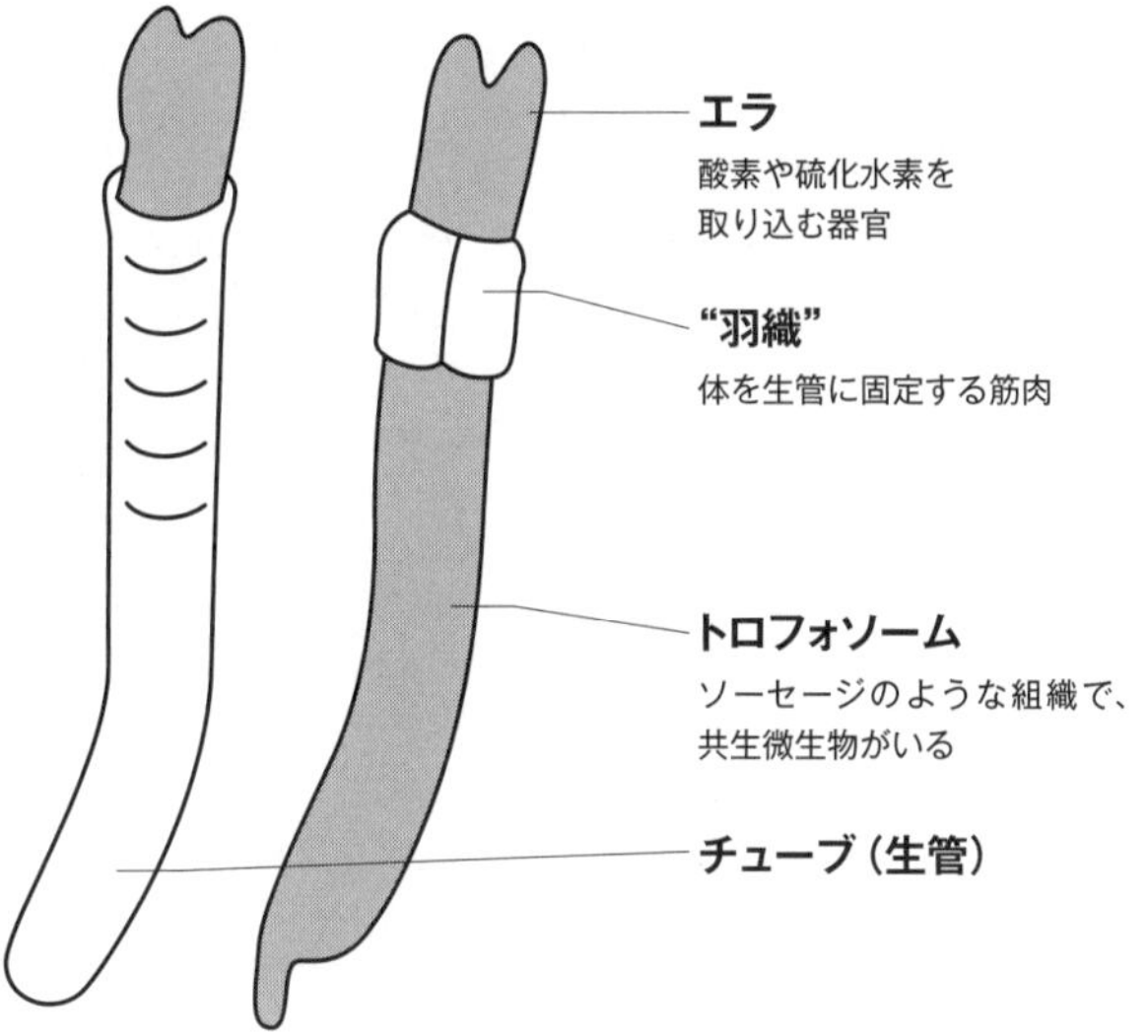

熱水には硫化水素が大量に含まれていることが多い。周囲海水には硫化水素はほとんど含まれないのに、熱水にはしばしば高濃度で存在する（例えば熱水一リットルにつき一〇ミリモル以上）。熱水噴出孔は熱の供給源というより、むしろ硫化水素の供給源なのである。

食べることを放棄したチューブワームは、熱水中の硫化水素を体内に取り込み、これをエネルギー源にする戦略を考えた。これがチューブワームの秘密であり、チューブワームが熱水噴出孔に特異的に生息する理由である。しかし、ふつうなら有毒な硫化水素をエネルギー源にするとは何という戦略だろう。

スーパーヘモグロビン

チューブワームのエラが赤いのは、チューブワームの血が赤いからだ。チューブワームの血が赤いのは、ヘモグロビンを持っているからだ。人間の血が赤いのと同じである。

硫化水素が有毒なのは、ヘモグロビンと酸素の結合、および酸素と呼吸酵素の結合を邪魔するからだ。ヘモグロビンは、私たちの血液に存在し、肺から体の各部へ酸素を運搬してくれる。一方、硫化水素はヘモグロビンの酸素運搬能力および呼吸酵素のはたらきを妨害するので有害である。では、チューブワームのヘモグロビンと呼吸酵素は硫化水素の妨害を受けないのだろうか。

ご安心あれ、チューブワームのヘモグロビンはスーパーヘモグロビン。酸素は酸素で、硫化水素は硫化水素で、別々に結合できるようになっている。これで硫化水素の毒性もなくなるし、酸素と硫化水素を同時に運搬でき、かつ呼吸酵素に累が及ばないことになる。毒を薬に変える（変毒為薬）どころではない。変毒為エネルギー源だ。何と巧妙な生命の仕組か。

一般に硫化水素と酸素は共存しない。硫化水素は還元的環境で生成され安定に存在する。しかし、酸化的環境つまり酸素のある環境では不安定で直ちに酸化されてしまう。したがって、チューブワームの生息環境は、還元的環境と酸化的環境の境界だろうと考えられる。底層流や熱水噴出のちょっとした変動で、酸素や硫化水素が増減するのだろう。

チューブワームにとって、酸素欠乏は死活問題である。もし、流れの加減で無酸素水が長時間滞留したら窒息してしまう。熱水噴出孔ではそれも稀ではないだろう。いったい、チューブワームはどのくらい「息を止めて」いられるのだろう。チューブワーム体内のヘモグロビン総量や酸素結合能力のデータから、二〇分程度なら酸素の供給なしでやっていけるようだ。私ならたった二分の息止めでも苦しいのに。やはりスーパーヘモグロビンだ。

チューブワームはどうやって栄養を得ているのか

チューブワームの体でも機能がよくわからなかったソーセージ状の部分を解剖してみよう。

内部には血管系が走り、エラで取り込んだ新鮮なガス（酸素と硫化水素）を運搬しているようだ。太い血管からは毛細血管が枝分かれし、その毛細血管を細胞がとり囲んでいる。どの細胞も新鮮な酸素と硫化水素を欲しがっているのだ。

毛細血管をとり囲む細胞をよく見ると、中に小さな生き物がいる。バクテリア（細菌）だ。これは、バクテリアの細胞内共生だ。細胞内共生を許している動物は決して多くない。チューブワームはその少ない例の一つなのだ。共生しているのは、硫化水素を酸化してエネルギーを得るバクテリアで、イオウ酸化バクテリアという。

イオウ酸化バクテリアはさらに、硫化水素の酸化エネルギーで有機物（栄養分）を自分で作ってしまう。これを化学合成という。熱水由来の硫化水素をチューブワームが吸収・運搬し、共生バクテリアがそれを酸化する。そして、化学合成で作られた栄養分は山分けにする。見事なチームワークだ。

しかし、硫化水素を酸化するからには酸素が必要だろう。酸素を運搬するのはヘモグロビン……そう、酸素と硫化水素を同時に運ぶスーパーヘモグロビンだ。

チューブワームの共生バクテリア

さて、チューブワームには結構たくさんの種類がいることがわかったが、それに共生するイオウ酸化バクテリアの種類はどうなのだろう。チューブワームが同じ種類なら、やはり同じ種類のバクテリアが共生しているのだろうか。今までにわかってきたことは、

㈠　チューブワームの体内共生バクテリアはイオウ酸化バクテリアであること〔イオウ栄養性〕

㈡　一つのチューブワーム個体には一種類の共生イオウ酸化バクテリアしかいないこと〔単種性〕

㈢　同じ種類のチューブワームには同じ種類の共生バクテリアがいること〔同種性〕

の三点である。

ここからいえるのは、チューブワームとバクテリアの共生関係はかなり厳密で、決まった相手としか共生関係を結ばないということである。浮気は無用というわけだ。しかし、その相手をお互いにどうやって認識するのだろう。人間なら「あの人とは生理的に合わない」ということもあるが、本来の意味で生理的な、あるいは生化学的・遺伝的な相性があるのだろうか。

いずれにせよ、今までの研究は主にガラパゴス・リフトや東太平洋海膨に多いチューブワーム（リフチアという種類）を用いて行なわれてきた。だから、他の種類あるいは他の地域のチューブワームはまた違った共生関係を持っているかもしれない。いや、その可能性が大で

ある。われわれはまさにこの点に注目し、チューブワーム体内にバクテリア連合の存在を想定して、その相互作用・相互依存性の研究を進めている。

母から子へ、娘から孫へ

ところでチューブワームの共生バクテリアはいつ共生したのだろう。言い換えると、チューブワームが卵からかえって幼生になり大きくなって成体になる、という発生過程のどの段階で共生バクテリアを獲得するのだろう。あるいは、初めから持っているのか。

チューブワームの卵や精子の中に共生バクテリアがいて、それが親から子へ伝わる、つまり遺伝するのだろうという考えがある。これを共生バクテリアの「上下伝播（でんぱ）」という。しかし、今まで、チューブワームの飼育、電子顕微鏡観察、遺伝子解析、と次から次へ研究されたにもかかわらず、チューブワームの卵や精子に共生バクテリアの存在は確認されていない。チューブワームは幼生初期には口や消化管を有しており、その段階で周囲の環境からイオウ酸化バクテリアを獲得する可能性がある。これを共生細菌の「水平伝播」という。しかし、この考えは「上下伝播」の証拠不足の上に成り立っている面もあり、「見つからないからといって存在しないとはいえない」（Absence of evidence is not evidence of absence.）の格言をもって慎重に考慮しなければならない。

チューブワームではないが、やはり共生バクテリアを持つシロウリガイという二枚貝で共生バクテリアの研究が進んでいる。シロウリガイとは、ハマグリを大きくして横に延ばしたような形で、熱水噴出孔の周辺に生息する。エラの細胞内に、やはり共生バクテリアがいて、口や消化管はあるが退化が著しい。口から食べるよりも、共生バクテリアに栄養を作ってもらったほうが楽なのだろう。

シロウリガイの卵細胞内にもバクテリアらしき像が観察され、それはリボソームRNA遺伝子の解析によって共生バクテリアであることが確認された。少なくともシロウリガイ類では共生細菌はミトコンドリアのように母系遺伝するらしい。

ミトコンドリアや葉緑体も共生バクテリアだった

母系遺伝はミトコンドリアや葉緑体という細胞内小器官（オルガネラ）にも見られる。葉緑体が光合成の場であるのに対し、ミトコンドリアは「細胞のエネルギー工場」とも呼ばれるオルガネラで、酸素呼吸によるATP合成の場となっている。実は、ミトコンドリアや葉緑体自身もかつては共生バクテリアだったのだ。この仮説をオルガネラの共生進化説という。

さて、私たちの遺伝子の半分は父から、半分は母から受け継いだものだが、オルガネラについては全て母由来である。共生イオウ酸化バクテリアが母系遺伝するということは、これがやがてはオルガネラになり細胞内小器官に組み込まれてしまうのではないか、という未来を暗示する。

ところで、ミトコンドリアが母系遺伝することから人間の起源について面白い考察をする人もいる。人類（ホモ・サピエンス）の誕生は進化史でたった一度だけ起きたのだろうか、それとも、人類の誕生は場所や時間を変えて複数回あったのだろうか、という問題がある。言い換えれば、われわれのミトコンドリア系統は単一なのだろうか複数なのだろうか、という問題だ。そして、これはミトコンドリアに残されたDNAの分析によって明らかにできる。

ミトコンドリア系統をさかのぼる最古の母を指してミトコンドリア・イブと呼ぶが、イブが一人だったか複数いたかの問題ともいえる。今のところ、イブは一人で、約二〇万年前に東アフリカのどこかに居た、という考えが定説になりつつあるらしい。

化学合成と光合成

ところで、イオウ酸化バクテリアはどうやって栄養分を作りだすのだろう。まず、硫化水素を酸化して化学エネルギーを取りだし（酸化とはゆっくりとした燃焼である）、これをATPやNADPH+という物質に貯蔵する。硫化水素の他にイオウ単体（いわゆるイオウ）やチオ硫酸なども酸化され得る。これが第一段階。

第二段階では、貯蔵エネルギーを使って、二酸化炭素（無機物）から有機物を生合成する。「無」から「有」を生みだすのだ。この合成経路には、植物の光合成におけるカルビン回路（あるいはカルビン／ベンソン回路）と同じところもある。他にも五つの経路が知られていて、もしかしたら、深海ではこちらのほうがメジャーということになるかもしれない。

植物の光合成とは「光」エネルギーを使って無機物（二酸化炭素）から有機物を「合成」する働きである。一方、イオウ酸化バクテリアは硫化水素などの酸化による「化学」エネルギーを使って無機物から有機物を「合成」するので、これを「化学合成」という。化学合成と光合成はエネルギー獲得反応系（第一段階）が違うだけで、「無から有の合成」経路（第二段階）は同じである。イオウ酸化バクテリアは「深海の有機物生産者」なのだ。

化学合成を行なう生物は今のところバクテリアとアーキア（古細菌）しか知られていない。化学合成バクテリアはイオウ酸化バクテリアの他にもいるが、第一段階のエネルギー獲得反応によって、アンモニア酸化（硝化）バクテリアや水素酸化バクテリアなどに分類されている。しかし、現実の熱水噴出孔ではアンモニアや水素の供給量、得られるエネルギーの大きさなどを考えると、イオウ酸化バクテリアが主要な化学合成生物だと思われる。イオウ酸化による化学合成を指して「イオウ栄養性」という用語まで作られているほどだ。

チューブワームは深海の植物となるか

光合成や化学合成の第二段階では二酸化炭素の取り込みが最初の反応になる。炭酸固定といわれる反応だ。これは放っておいて進む反応ではなく、第一段階からのエネルギー供給と反応を進めやすくする酵素（生体触媒）が必要だ。この触媒はルビスコ（RuBisCO: リブロース二リン酸カルボキシラーゼ／オキシゲナーゼ）という酵素で植物（光合成）でもバクテリア（化学合成）でもほとんど同じである。

ちなみに、酵素は種類がとても多いので、それぞれに会員番号が付けられている。ルビスコの会員番号（EC）は4・1・1・39である。また、ルビスコは地球上で最も重要、かつ、最も豊富に存在するタンパク質ともいわれている。

ルビスコは話題の多いタンパク質だ。ルビスコにはパーツ（部品）が二つあって、大サブユニット・小サブユニットと呼ばれている。基本的な機能は大サブユニットにあるが、この遺伝子が面白い。ふつう、遺伝子は細胞内の核にあるのだが、ルビスコ大サブユニットの遺伝子は核にはない。それは細胞内の小さな粒（細胞内小器官、オルガネラ）である葉緑体にある。

こんな大事なタンパク質の遺伝子が核になくて葉緑体にあるとはどういうことか。しかし、葉緑体はもともと光合成バクテリアの一種だったのがある細胞に捕えられ、細胞内共生者として、そしてオルガネラとして生きる道を選んだという仮説が支持されている。

そう考えると、イオウ酸化バクテリアにルビスコがあってもおかしくない。そして、光合成バクテリアの細胞内共生により、葉緑体が生まれたのなら、いつかはイオウ酸化バクテリア→「新オルガネラ」になるのだろうか。チューブワームは動物というよりも植物的になるのだろうか。今でさえ十分植物的なのだから。

「火の生命の渦」の中心

ある試算によると、年間五〇〇万トンの無機炭素が有機炭素に生まれ変わる。年間五〇〇万トンの有機炭素生産とは大きいようにも思えるが、これは地球全体の炭素固定量の〇・〇一パーセントにも満たず、海洋だけで見ても〇・〇一五パーセントにしかならない。地球や海洋にとって化学合成などは取るに足らぬ微々たるものなのだ。

しかし、深海生態系にとって、化学合成は重要な生産過程である。深海への有機物供給はふつう、表層の光合成生産の一パーセントくらいだ。ほんのおこぼれ程度だが、これは年間三億トンくらいの有機炭素量になる。一方、化学合成生産は年間五〇〇万トンくらいなので、表層からのインプットの二パーセント近くにもなる。もはや微々たる存在ではない。しかも、化学合成はイオウ酸化だけではない。

海底熱水噴出孔の局在性を考えると、熱水噴出孔周辺の生物にとって化学合成は重要な有機物供給源であるといっていい。全地球、全海洋とはいわないが、深海の限られた場所においては化学合成こそ生命の源である。「火の生命の渦」の中心なのだ。そして、このローカルさこそ、熱水生物群集が特異な進化方向を与えられ、今まで人類の眼から隠されてきた理由である。

熱水噴出孔のチムニー

火の渦の中心、熱水噴出孔にはたいてい煙突状の構造があり、それはチムニーと呼ばれている。高温熱水に含まれる硫化物が海水と接触して低温沈殿し、噴出孔の周りに積もる。それが積もり積もって筒状に高くなる。氷柱や鐘乳石が下から伸びるようなものだ。これは硫化物の形でいろいろな金属を大量に含んでいるので、金属鉱床としての資源価値が高いと考えられている。このため、熱水噴出孔はよく熱水鉱床といわれる。

チムニーが初めて発見されたのは一九七九年、東太平洋海膨の北緯二一度地点。そのチムニーは高さ二〇メートル、噴出する熱水の温度は摂氏三五〇度に達していた。しかし、水深二五〇〇メートルの水圧（約二五〇気圧）の下では沸騰点よりまだ五〇度も低い。煙突から吐き出される煙のように、熱水もチムニーから立ち上りたなびいていく。熱水中の化学成分が海水と反応して不溶性の微粒子になり、熱水は黒濁する。まさに煙突から黒煙がモクモクと吐き出されるようだ。こういうタイプのチムニーは、ブラック・スモーカーと呼ばれている。

大西洋中央海嶺のTAG地点には熱水マウンドという熱水噴出丘がある。この頂上には活動的なブラック・スモーカーがあるが、いつも黒煙に覆われているのでその全貌を見ることができないほどだ。スウィフトの『ガリバー旅行記』や宮崎駿の『天空の城ラピュタ』に登場する雲に隠された天空の城のようなので「ラピュタ」と呼ばれたこともある。

熱水の化学成分によっては、熱水は白濁することもある。これはホワイト・スモーカーと呼ばれる。さらに、熱水が濁らずに澄んだままのときはクリア・スモーカーと呼ばれる。南太平洋のニューカレドニアとフィジーの間の海底に高さ五メートルのクリア・スモーカーがある。このチムニーの上部は白色で上へ向かって指を広げたように枝分かれしている。暗黒を背景に立つ真っ白なクリア・スモーカーを見て、深海の男たちは「ホワイト・レディー」と命名した。

チムニーはバクテリアの培養槽

チムニーは大きいものになると高さ数十メートルにもなる。ひょっとすると一〇〇メートルを超えるかも、という声もある。銭湯の煙突よりずっと高い。

チムニー壁は結構もろくて多孔質だ。熱水はチムニーの先端から噴出するだけでなく、チムニーの横から別のチムニーが枝分かれすることもあるし、チムニー壁を通ってユラユラと陽炎状にも出てくる。また、場合によっては、フランジ・タイプといって、マッシュルームのように上部が水平方向に成長したチムニーもあり、ここではマッシュルームの傘の下側から熱水がゆらゆらと出ている。こんなオーバーハングの熱水は潜水船で採取するのは難しいだろう。

チムニーの壁を通ったり、オーバーハングで出てくるときは、熱水の温度もかなり下がっている。それなら、チムニーの壁質の中は、適度に高温で硫化水素に富んだ水が比較的ゆっくり流れていくので、イオウ酸化バクテリアにとってはいい住み家ではなかろうか。いや、いい住み家どころではない、一種の培養槽みたいなものかもしれない。ガラパゴス・リフトの「温水」には一ミリリットルあたり一億から一〇億のバクテリアがいたという。その辺の海水だと一〇〇万のオーダーだから、「温水」バクテリアはとんでもなく多かったことになる。しかし、チムニーが培養槽だとすると、そんなこともあり得るのかもしれない。

チムニーだ、チムニーだ、チムニーだ……

ここで、チムニーに関するエピソードを一つ。

日本とフランスが共同で南太平洋の新しいリフトを調査したことがある。「ホワイト・レディー」チムニーを発見したプロジェクトだ。一年目の一九八七年は深層水の高濃度のマンガンや新鮮な溶岩など、熱水活動を示す証拠はどんどん挙がるのに、熱水噴出の現場そのものは確認できない。欲求不満がたまってくる。クリスマスの前後だったろうか、深海カメラの映像に熱水生物群集が発見された。近くまで来ている、こう思って一年目の計画を終えた。

二年目、既に目を付けておいた地点に深海カメラを降ろし、曳航を始める。ゴツゴツした黒い岩が多くなる。泥はかぶっていない。新鮮な溶岩だ。近いぞ。「ここは落ち着いて」と誰かがいう。その声が終わるか終わらないうちに、チムニーが現われた。熱水を噴き上げている、チムニーの先端が陽炎のようにユラユラしている。

やった、ついに熱水噴出の現場を発見したぞっ！「落ち着いて」の声の主はもう興奮のるつぼで、「チムニーだ、チムニーだ、チムニーだ（繰り返す）、これは完全にチムニーですね」と、一分足らずの間に「チムニー」を一七回も叫んでいた。

プレートテクトニクスの理論から海底拡大域を推定し、精密な海底地形図を描いて調査範囲をしぼる。さらに海底カメラで広範囲に観察し、海底の岩石や海水を採取・分析してターゲット地点を特定する。こんな努力の結果、その場所にチムニーが見つかったらそれは本当にうれしいものだ。人知れず地味ではあるが、今までの努力が報われる瞬間だ。一七回の

「チムニー」絶叫も無理はない。

深海ムール貝

チューブワームやシロウリガイ、これらは熱水噴出孔の代表的な住人だ。他にも変わった住人がいるので、その面々も紹介しておこう。

まず、貝の話がでたのでそこから始めよう。食用貝といえば欧米ではムール貝と称してムラサキイガイ（二枚貝）を食べる。このムール貝の仲間にして、もっと学術的にはシンカイヒバリガイの仲間が熱水噴出孔の周辺にもいる。共生バクテリアの有無は不明だが、おそらく浮遊バクテリアやその塊を食べているのだろう。この浮遊バクテリアにはもちろんイオウ酸化バクテリアが多い。

汚水や汚泥には硫化水素が多量に含まれている。そこで汚水や汚泥でイオウ酸化バクテリアを増やし、そのバクテリアを餌にしてムール貝を養殖しようというアイデアが出されたことがある。汚水・汚泥処理をしながら養殖という一石二鳥の名案だ。しかし、いまだに実現していないところを見ると、人間の食欲はまだそこまで切迫していないようだ。

熱水噴出孔には巻き貝の住人もいる。巻き貝は岩などの表面に付着したバクテリアや生物遺骸などを食べたりする。しかし、ある巻き貝、例えばマリアナ・トラフの熱水噴出孔で採取されたアルビンガイ（潜水船「アルビン」にちなんだ命名）には、イオウ酸化バクテリアが共生していると考えられている。

熱水噴出孔のカニ・エビ

次に、眼のない白いカニを紹介しよう。どうせ深海にいるのだからと、眼が退化してしまったようだ。しかし、どういうわけか何らかの方法で光を感知するらしい。これには、ちょっとおしゃれなユノハナガニという和名がつけられた。伊豆・小笠原の海底火山で採取されたものが三浦半島油壺（あぶらつぼ）のマリンパークで飼育されている。

カニとくればエビだ。シンカイコシオリエビというエビ・カニの中間的な種類は熱水噴出孔の周辺に多く見られるが、ふつうの海底にも生息している。熱水の周りに多いというだけで、熱水に特異的というわけではない。大西洋中央海嶺の熱水噴出孔にリミカリスという小エビの超大群集がある。このエビにも眼がないが、その代わり背甲、人間でいうと後頭部から肩甲骨の間にかけて、赤外線センサーがあるそうだ。このセンサーで熱水が放つ熱線（赤外線）を感知するのだろうといわれている。

一九九四年、「しんかい六五〇〇」が大西洋で潜航調査したときも、このリミカリスの大群集が観察された。このときは前述の数百メートル大の熱水噴出丘ラピュタで遭遇した。

東太平洋海膨の熱水噴出孔でもヨコエビの一種の大群が観察されているが、こちらは遊泳性だ。熱水噴出孔付近のよい位置に長くいようと熱水の流れに逆らって泳ぐ。バンドーバー博士によると、このヨコエビが一つの場所にとどまるためには毎秒五～一〇センチ（体長の一〇～二〇倍）の速さで泳がなければならないが、これは深海エビには例外的なスピードだ。人間に当てはめると、一〇〇メートルを三～六秒で走れといわれるようなものだ。

熱水噴出孔の食物連鎖

チューブワームやシロウリガイのように共生バクテリアを持っている生き物は、熱水噴出孔周辺で生活すれば幸福だろう。小作人の多い地主のようなもので、地主は田畑への水利と肥料そしてお天道さまの恵み（光）だけ心配すればよい。熱水噴出孔では地の恵みが全てを保証してくれる。しかし、共生バクテリアを持たない生き物はどうやって生活しているのだろう。少なくとも、自分の食物は自分で探し、自分で食べなければならない。「食う」となれば必ず「食われる」もあるわけで、まず、そこから見てみよう。

熱水噴出孔ではエネルギー供給量に限りがあるので、複雑な食物連鎖は不向きだ。〝食う・食われる〟の関係も何段階にもわたらないと思われる。つまり、簡単で短い食物連鎖になると考えられる。

陸上や浅い海の食物連鎖は長くて複雑だ。これは、東京の電車・地下鉄マップに相当する。東京駅（植物）から新宿駅（人間）まで行くとき、その間の経路が食物連鎖になる。行き方は何通りあるだろうか。いくつの駅を通過するだろうか。本物の食物連鎖はもっと複雑で「食物網」とさえ呼ばれている。これに対し、熱水噴出孔の食物連鎖は、私の町（東広島市西条駅）から山陽本線で広島駅へ出るようなものだ。経路に選択の余地はなく、快速に乗れば途中停車も少ない。短くて簡単だ。

バクテリアの食べ方

さて、バクテリアの食べ方にもいろいろあって、大きく分けると、お茶碗に盛ったご飯を平らげるタイプと、寿司やおにぎりをパクパク食べるタイプがある。もちろん、ご飯の一粒一粒が個々のバクテリアに相当する。

個々のバクテリアはとても小さく眼では見えない。茶筒の丸まった形をしたものが多いが、長さは大体一、二マイクロメートル。髪の毛の太さが一〇〇〜二〇〇マイクロメートル（〇・一〜〇・二ミリ）というから、髪の毛の太さの一〇〇分の一程度ということになる。もし髪の毛の太さを一メートルに拡大しても、バクテリアは一センチくらいにしかならない。こんな小さな生き物でも束になれば目に見えるようになる。岩の表面やチューブワームの生管表面に付着バクテリアが多いと何となくわかるし、繊維状のバクテリアだと確かにケバ立って見える。また、視認できなくても手で触ればヌメるのでそれとわかる。このような付着バクテリア集団をバクテリア・マットと呼んでいる。

さて、お茶碗に盛ったご飯を平らげるタイプとは、このバクテリア・マットを食べるタイプである。カニやエビが岩の表面やチューブワーム生管の表面にハサミを伸ばし、何かをつまんでは口に運ぶ、こんな動作をよく観察する。ちょうど、お茶碗に箸を伸ばしては口に運ぶような仕草だ。

巻き貝などはバクテリア・マットを這いながら、歯舌という鋸歯(きょし)でバクテリア・マットをゴリゴリ削り取って食べる。これは犬がご飯を食べるような方法だ。

熱水プルームのバクテリア

バクテリア・マットのような付着性バクテリアがいれば、水中には浮遊性のバクテリアがいる。浮遊性というと、水中をプラプラ漂っているだけのように聞こえるかもしれない。しかし、浮遊性のバクテリアは生産的だ。微生物生産という観点では、共生性や付着性のバクテリアに負けず劣らず、熱水食物連鎖の起点として重要な貢献をしている。

まず、浮遊性バクテリアは数が多い(バイオマスが大きい)。そして、条件が合えばかなりの速さで増殖する。バイオマスに増殖速度をかけたものが生物生産速度だから、かなりの微生物生産が期待できることになる。フーテンの浮遊性バクテリアだって、その気になればそこそこの生産を行なうのだ。でも、その気になるにはどうしたらいい？

熱水噴出孔から噴出した熱水は煙のようにたなびき（熱水プルーム）、だんだん薄まっていく。熱水プルームは大きなものになると二〇〇〇キロも広がることがあるし（ハワイ・ロイヒ海山など）、メガプルームといって突発的に巨大プルームが出現することもある。このような熱水プルームが浮遊性のイオウ酸化バクテリアの好適環境だ。適当な濃度の硫化水素と酸素が微妙なバランスで共存し、化学合成を効率よく行ない、どんどん増殖する。化学合成による微生物生産が大きいということだ。

ふつう、浮遊性バクテリアは一匹狼で、群れを作らない。しかし、熱水プルームのような好適な環境ではバクテリア細胞の集塊がよく見られる。また、熱水プルームからイオウ酸化バクテリアを培養したところ、やはり集塊ができてきた。電子顕微鏡で観察すると、細胞同士が粘着していて、まるで納豆のように糸を引いている場合もあった。

バクテリア寿司

一匹狼のバクテリアは一粒のご飯粒のようなもので、あまり食べやすいとはいえない。一方、集塊になったバクテリアは寿司かおにぎりのようなもので、前述のようにこれは食べやすいことこの上ない。熱水プルームのバクテリアは微生物生産が大きいだけでなく、自ら寿司化・おにぎり化することによっても、熱水食物連鎖に貢献している。

さて、このバクテリア寿司の食べ方にもいろいろあって、ここではその代表例を紹介しよう（ほとんど妄想だが）。まず、「回転寿司」タイプから。東太平洋海膨の熱水噴出孔のヨコエビ大群（前出）は熱水プルーム流の中でよい位置を保持するために流れに逆らっている。これは、熱水プルーム流という回転ベルトの上にバクテリア寿司が次々と運ばれてくるようなものだ。回転寿司の鉄則では、寿司の流れの上流ほどよいポジションで、上流を制する者は満足する、ということになる。熱水プルーム流にもそういうポジションがあるはずで、その場所を求めて、そしてその場所に長く居ようと、小エビたちは奮闘しているのだろう。

次に、イガイやシンカイヒバリガイなどの固着性二枚貝だ。これは自分で寿司屋に出向けないので、「出前」をとることになる。できるだけ浮遊性バクテリアの多い場所に陣取って、周囲の水を吸ってはバクテリアを濾し取って食べる。この出前タイプの成否は、陣取った場所と吸水力にかかっているといえよう。

回転寿司タイプと出前タイプの中間的なものはどうだろう。浮遊性バクテリアの多そうなところに行ってはちょっとつまみ、他にもよい場所を見つけてはまたつまむ、というタイプもありそうだ。これはたぶんコペポーダという動物プランクトン（カラヌスもその一種）がやっていそうだ。弱いながらもある程度、自分で泳ぎ回れるからだ。

バクテリア・マットでも浮遊性バクテリアでも、それらは「食べられて」、初めて熱水食物連鎖の起点となる。しかし、チューブワームは「食う・食われる」の関係を超越して、バクテリアと「共に生きる」道を選んだ。体の大半をバクテリアに預けた危ういが絶妙な相互依存のバランス、それがチューブワームとバクテリアの共生関係なのである。

第四章

熱水性生物の楽園「深海オアシス」

もし雨の恵みがあれば待ちわびていた生命が溢れ出す（スタインベック）
もしイオウの恵みがあれば待ちわびていた生命が溢れ出す（チューブワーム）

イオウさえあれば

口や消化管を失い、食べることを放棄した管生生物、それがチューブワーム。食物を獲得する手間を省いた反面、「幸せは食にあり」を味わえないのは幸か不幸か。チューブワームは外から食物摂取する代わりに、体内共生バクテリアに栄養生産してもらっている。このバクテリアはイオウ酸化バクテリアで、硫化水素やイオウなどをエネルギー源にして「無」機物から「有」機物を生産する。

一般に人間を含むほとんど全ての食物連鎖の起点は「太陽→葉緑体→植物」であり、この意味でわれわれは太陽を食べて生きているといわれる（太陽食性）。一方、チューブワームは「イオウ→共生バクテリア→チューブワーム」の関係に立脚している。イオウはもともと地熱作用で生じたのだから、これは地球を食べる生き様ともいえる（イオウ食性）。

チューブワームは単一の分類群ではなく、いくつかの動物グループにまたがっている。したがって、チューブワームを分類学的に定義することはできない。しかし、「共生バクテリアを介したイオウ食性」こそチューブワームの代表的な特徴なのである。

　こうして見ると、チューブワームの生息に「熱水」の「熱」は必須ではないことがわかる。チューブワームに必要なのは「熱水」中のイオウ（硫化水素）であって、熱は必ずしも要求されない。ならば、イオウさえあれば、チューブワームは熱水噴出孔以外の場所にも生息できるのだろうか。チューブワームはどんなところにいるのだろう。

海底拡大系と背弧海盆リフト

チューブワーム分布域の代表といえば熱水噴出孔。ガラパゴス・リフトや東太平洋海膨など中央海嶺系の熱水噴出孔が有名だ。しかし、不思議なことに大西洋中央海嶺の熱水噴出孔からはまだ一度も発見例がない。チューブワーム七不思議の一つだ。

熱水といえば、沖縄トラフなどの背弧（はいこ）海盆（かいぼん）リフト系という熱水噴出地帯にもチューブワームがいる。「背弧」というのは、南西諸島（沖縄）やマリアナ諸島などの島弧の凹側（おうがわ）（背面）という意味だ。一般に伊豆・小笠原諸島や南西諸島など島弧の凸側（とつがわ）（前面）には海溝があり、凹側海底にはしばしばリフトがある。沈み込み帯（海溝）では、沈み込むにつれてプレート同士の摩擦熱でマグマ活動が活発になり、海溝弧のすぐ内側（凹側）に火山島列（島弧）ができる。そして、そのさらに内側では海底拡大活動が起こり、海底に割れ目（拡大軸、リフト）ができるそうだ。これを背弧海盆リフトという。

世界最深のマリアナ海溝はマリアナ諸島の前面で、その背弧にはマリアナ・トラフがある。ここの海底熱水活動は世界最深だ。マリアナ・トラフの海底拡大は北へ向かって進んでいる。ちょうどチャックを下から開けていくようなものだ。このチャックが開く先端は今、伊豆・小笠原海溝の背弧に入りつつある。沖縄トラフもやはり、今まさに開きつつある背弧海盆リフトだ。

沖縄トラフのチューブワームは細長くてクネクネ曲がっている。まるで焼ソバ、しかもカタ焼ソバみたいだ。それで焼ソバ・チューブワームなんて呼んでいたら、世の中には似たような発想をする人がいるもので、スパゲッティー・ワームと命名されたものがいるそうだ。これはガラパゴス・リフトで発見された半索動物（細長い体型だが、ゴカイと異なり体節がなく、ハオリムシと異なり口や消化管がある）の一種で、管なしチューブワームのような生き物だ。

海溝と巨大地震

島弧の前面には海溝がある。アリューシャン列島の前面にはアリューシャン海溝、千島列島には千島海溝、マリアナ諸島にはマリアナ海溝がある。海溝と呼ばれないまでも、ミニ海溝（トラフ）もある。例えば、南海トラフや駿河トラフ、相模トラフなどだ。

東太平洋海膨という巨大な割れ目、これを軸にして太平洋の海底は左右に拡大しつつ移動している。拡大速度は年間数センチから数十センチ。割れ目で生まれた新海底がはるばる太平洋を横断して日本付近の海溝に達するのに二億年かかるそうだ。海溝は大洋底の旅の終着駅。海底が長い旅を終え、地球内部へ呑み込まれる場所だ。この意味で海溝とかトラフという言葉に代わって「沈み込み帯」という言葉がよく使われるようになってきた。これだと単に地形だけでなく、その地形の成因までイメージできる。

海溝、つまり沈み込み帯はまた、巨大地震の巣でもある。二〇〇四年のスマトラ沖地震（マグニチュードM九・一）も、二〇一一年の東北地方太平洋沖地震（東日本大地震、M九・〇）も、海溝型地震だった。これらより大きかったのは一九六〇年のチリ地震（M九・五）と一九六四年のアラスカ地震（M九・二）だけである。これらは全て環太平洋の沈み込み帯で発生した。

チューブワームの生息地

チューブワームは熱水噴出孔の住人で、熱水噴出孔は中央海嶺系（海底拡大軸）や背弧海盆リフト系、あるいはそれに関連した海底火山にあることがわかった。しかし、チューブワームがここに生息するのは必ずしも熱水目当てではない。本当のお目当ては熱水に含まれるイオウ（硫化水素）なのだ。では、熱水噴出孔以外でもイオウの供給があればチューブワームが生息するのだろうか？　答えはイエス。では、どこに？　これも答えを先にいってしまおう。

熱水噴出孔以外のチューブワームの住み家は、㈠海底火山などの海底噴気孔、㈡海溝などの沈み込み帯、㈢海崖の裾部や海底扇状地、㈣海底油田から石油が漏れ出すところ、㈤高塩分のため、あるいは地形的に底層水が停滞しているところ、㈥食物などを大量に積んでいた沈没船、そして、これは未確認だが可能性のある場所として㈦海底に横たわる鯨遺骸、などである。

発見の歴史的順番はひとまず考えないで、理解しやすい順番で説明しよう。まず㈠火山などの海底噴気孔の例として鹿児島湾の海底がある。ここには熱水噴出孔はないが、桜島の火山活動の関連で海底噴気孔（たぎり孔と呼ばれている）がある。この噴気に硫化水素が含まれていて、これを目当てにサツマハオリムシというチューブワームが群生している。水深八二メートルという世界最浅のチューブワーム生息地だ。

世界最深のイオウ食性群集

チューブワームの住み家、その二、海溝などの沈み込み帯について。沈み込み帯ではプレートとプレートが衝突し、押し合いへし合いしている。その現場では地殻表面の堆積物がギュッと押し潰され、堆積物中の水（間隙水（かんげきすい））が絞り出される。堆積物中では有機物が無酸素的（嫌気的）に分解し、メタンが生じている。このメタンが海水由来の硫酸イオンと反応し、結果的に硫化水素が生成される。

　沈み込み帯ではこうしてメタンと硫化水素を含んだ水が絞り出されている。そして、チューブワームの生息も確認されている。南海トラフなどがよい例だ。チューブワームに限らず、同様な生き様（イオウ食性）を示すシロウリガイも視野に入れると、日本海溝の水深六三六六メートルの海底に群生地が発見されている。世界最深のイオウ食性群集だ。

　ところで、この間隙水絞り出しは湧出（ゆうしゅつ）とか湧水といわれ、特に熱水活動との違いを強調したいときには「冷水湧出」とか「冷湧水」と呼ぶ。しかし、湧水の温度は周囲海水と同じかやや温かい場合すらあるので、実態にそぐわない。思いきって「メタン湧水」とでも呼んだほうがイメージしやすいかな、とも思う。

　いずれにせよ、何かの理由で水が堆積物中を通って出てくると、それはメタン・硫化水素を含むことが期待される。その理由が沈み込みなら、㈡のタイプだし、地下水の海底湧出が理由なら、㈢のタイプになる。㈢の海崖裾部・海底扇状地タイプとしては、フロリダ海崖やカリフォルニアのモントレー海底扇状谷が、チューブワーム群生地として知られている。

チューブワームの聖域を

相模湾の海底に「初島沖」という関係者の間では非常に有名なチューブワーム群生地がある。ここは相模トラフという沈み込み帯で、また、比高一〇〇〇メートルの急斜面（ほとんど海崖）の裾部でもある。さらに、一九八九年七月に伊東沖で海底火山が爆発したように、伊豆火山群の活動範囲でもある。したがって、ここのチューブワーム生息地がどのタイプなのか明言はできない。

ただ、海底湧水の化学分析によると、地下水の湧出である可能性が強いとのこと。まあ、生物屋としては、湧水にメタンが豊富で同時に硫化水素が生成していることがわかれば十分で、とりあえずメタン湧水ということで満足である。

この「初島沖」はシロウリガイやチューブワームの大群生地として有名になりすぎて、今となっては乱獲や環境破壊が心配されるようになった。実際、「初島沖」の南側コロニー（群生地）は、数年間にわたる集中調査の後、一時的に絶滅に近くなった。ただ、ここはだんだん人気が下火になってきたので、何とか持ち直したようである。

必要以上の採集はやめようといっても、どの程度が必要かは研究者一人ひとりの判断に委（ゆだ）ねるほかない。もし、本気でチューブワームやシロウリガイを守るなら、採集数量を規制する、あるいは「聖域」を設けるしかないだろう。生物学上とても貴重なチューブワームとシロウリガイをその生息地ごと保護するためにも「聖域」の設定を提案してもいいのではないだろうか。

オイルシープ（原油漏出）

ところで、メタン（CH_4）は炭素原子が一個でいちばん簡単な形の炭化水素だ。炭化水素とは炭素と水素だけからなる化合物の総称だ。その代表選手が石油（原油）である。石油が採れるところにはメタンがあるだろう。メタンがあれば硫化水素が生成するだろう。メタン以外の炭化水素（石油）でも硫酸イオンと反応して硫化水素を生成できるはずだ。そう、石油は硫化水素の生成源であり、海底油田のあるところ硫化水素ありと考えてよい。これがチューブワームの住み家、その四、海底油田から石油が漏れ出すところ、である。

アメリカのメキシコ湾岸は石油産地として有名だ。ヒューストンやモービルという大石油都市もここにある。海底油田もかなり多く、海底から漏れ出す原油も相当な量になると思われる。この原油漏出（すなわち硫化水素の漏出）がチューブワームを誘わないはずがない。ルイジアナ沖オイルシープ（原油漏出）帯として知られるチューブワーム生息地が形成されている。カリフォルニアのサンタバーバラ沖のオイルシープは世界最大規模である。船でこの海域に入ると石油臭くなるし、風向きによっては町中でも臭いが漂うほどだ。ここにもチューブワームがいそうなものだが、まだ発見されていない。しかし、海底に密生するイオウ酸化バクテリア（バクテリア・マット）が観察されているので、近い将来、ここもチューブワームの生息地リストに加わるかもしれない。

なお、メキシコのカリフォルニア湾の海底には熱水噴出孔があるが、内海なので底泥が堆積しやすく、その厚さは二〇〇〇メートルにもおよぶという。熱水が堆積物を通ってくる間に有機物が熱分解して炭化水素になるので、ここの熱水はオイルシープの性質も持っている。

海底の水たまり

ルイジアナ沖の海底油田ではときどき大規模な「ガス抜き」が起きるらしい。海底のあちらこちらに噴火口のような穴（ポックマーク）があり、ガスが抜けた跡だと考えられている。ガス抜き後、この穴には間隙水が溜まるが、実はここの海底下には岩塩層があり、非常に高塩分（海水塩分の四倍以上）の間隙水が存在する。

このような間隙水は炭化水素や硫化水素に富み、高塩分ゆえに穴の底に沈殿し、周囲の海水とは混じらない。こういう場所はチューブワームの住み家にもってこいだ。メキシコ湾の高塩ポックマークも、チューブワームの生息地リストに挙がっている。

硫化水素を含んだ滞留水ということならば、ノルウェーのフィヨルドの海底にそういう環境があるそうだ。ここからは、熱水噴出孔が発見されるずっと前に、ポゴノフォラというチューブワームが発見されている。

黒海の海底も硫化水素を含んだ水が滞留していることで有名だ。「黒海」の名の由来について、鉄と硫化水素が反応して真っ黒な硫化鉄になって沈殿し海が黒く見えるから、という説があるが、これは俗説だそうだ。すぐ隣の陽光燦々たる真っ青な地中海に対し、この地域が曇りがちで陰鬱な雰囲気だから「黒」のイメージになったそうだ。いずれにせよ、黒海の海底もチューブワーム生息地の候補だが、まだ確認されていない。

似たような環境で未確認だが有力な候補地としては、東京湾がある。ちょうどディズニーランドの沖の海底に浚渫したあとの穴があり、硫化水素を含んだ水が滞留している。季節風の影響でこれが海面まで上昇すると「青潮」という被害を生じることは前に述べた。この「青潮穴」も候補地だと思うのだが、いかがなものか。

沈没船のチューブワーム

なぜか大西洋にはチューブワームが少なく、メキシコ湾や南米東岸に散見するくらいだ。大西洋中央海嶺にも発見されていないし、大西洋の東側ではこれがチューブワームだというものは見つかっていなかった。ノルウェーのフィヨルドのものはポゴノフォラといって、熱水性やメタン湧水・オイルシープ性の種類とは違う。大西洋はチューブワームの過疎地で、太平洋と好対象である。

しかし、思わぬところで見つかったものである。一九七九年、スペインのビゴという町の沖で、「フランソワ・ビーリュー」号という貨物船が沈没した。水深一一六〇メートルの海底に横たわった沈没船には穀物が満載してあった。一二年後の一九九一年、この沈没船にチューブワームの生息が確認された。どうも大量の穀物が腐敗するときに無酸素（嫌気）的分解が起こり、硫化水素が発生したらしい。イオウ（硫化水素）のあるところチューブワームありで、ここが一時の憩(いこい)の場となったようだ。

この沈没船チューブワームは発見地近くの町にちなんでビゴ・ワームと呼ばれているが、遺伝子（DNA）を調べたところ、ラメリブラキアという種類かそれに近縁であることがわかっている。ラメリブラキアといえば、相模湾のメタン湧水帯に群生するチューブワームと同じだ。

船が沈没してから一二年で、おそらくは数年以内に、チューブワームが住みつき成長したわけだ。いつもチャンスをうかがい、狙ったチャンスは逃さない、という深海生物のライフスタイルを垣間見るようだ。

回復の速いコロニー

沈没船のようにいい場所があれば、チューブワームの定着・成長は速い。

大西洋で沈没船が見つかった頃、東太平洋海膨の熱水噴出孔で大きな爆発があった。海底のチューブワームは吹っ飛び、あるいはなぎ倒された。偶然にも、その直後（数日から数時間以内）に潜水船「アルビン」がそこを訪れた。海底には荒々しくも角張った岩石が転がっていた。海底にはところどころに大きな穴があいていた。チューブワームの死骸が累々とする穴は「チューブワームのバーベキュー穴」と呼ばれた。海水中には吹き飛んだチューブワームの破片が漂っていた。ほかにも、よくわからないが生物体の破片らしきものが水中を吹雪（ふぶき）のように舞い、爆発の被害の大きさを物語っていた。

一九九二年、「アルビン」は同じ場所を再訪問した。限られた範囲ではあったがバクテリア・マットが形成されていた。また、以前は何もいなかった場所にチューブワームが定着していた。しかし、これは比較的小型のテブニアという種類で、この辺に多い大型種リフチアはまだ見られなかった。

一九九三年、再々訪問が行なわれた。驚いたことに今度はリフチアが多数定着し、しかも人の背丈ほどに大きくなっていた。再訪問と再々訪問の間は二〇か月くらいだから、少なくとも一年で八〇センチ以上も成長したことになる。これほど速い成長は今までに例がないが、これほど確かな測定もなかっただろう。

いずれにせよ、いい場所さえあればチューブワームはすぐに定着し、あっという間に成長するようだ。沈没船もこうしてチューブワームの住み家となったのだろう。

チューブワームの分布と伝播

チューブワームはどこから来てどこへ行くのか。例えば、沈没船のビゴ・ワームはどこから来たのだろう。この沈没船辺りでは地中海由来の底層流が流れるそうだが、ビゴ・ワームも地中海由来なのだろうか。太平洋一円に分布するチューブワームについても、その分布と伝播は未解明の部分が多い。いや、まだほとんどわかっていないといってもいいだろう。太平洋で今までに知られているチューブワーム生息地を見ると、地図の上では近くに見えても、隣まで数百キロから数千キロ離れている。未発見の熱水噴出孔やメタン湧水帯があるにしても、ずっと連続しているわけではないだろうし、そもそも、潜水船や深海カメラで調査してもそう簡単には見つからない。甘く見積もっても隣の生息域まで数十キロ以上あるのではないだろうか。

チューブワームは、雄と雌が別々の雌雄異体で、それぞれが水中に次代の夢を託して放精・放卵する。精嚢や卵嚢が成熟していると、潜水船や無人探査機のロボットアームが触っただけで放精・放卵するほどだ。水中で、つまり体外受精して、チューブワームの新しい命が始まる。卵割という細胞分裂が連続し、いよいよ卵膜を破って幼生が孵化する。チューブワームの幼生はトロコフォアといい、フラダンスの腰みのをダルマさんの首に巻いたような可愛らしい幼生だ。

この可愛らしくも幼いトロコフォアが流れに身をまかせ、次の熱水噴出域かメタン湧水帯まで辿り着こうというのである。そのチャンスはほとんど「万が一」程度だろう。いや、「万が一」の二乗くらいかもしれない。旅の途中で「イオウ欠乏」になり、深海の「生の連環」に回帰するものが大半なのだろう。

幼生の長旅

「ろうたし」という言葉がある。幼くて、可愛いくて、守ってあげたい、という意味だ。チューブワームのトロコフォア幼生はまさに「ろうたし」。この幼生にとって、新たな熱水噴出域やメタン湧水帯を求める旅は過酷きわまりないだろう。脆弱な幼生が深海という暗黒の宇宙を旅するのだから。ところが、自然の妙というか、幼生の旅にはひと休みできる場所があると考えられるようになってきた。

最近「道の駅」という施設が増えている。高速道路にはサービスエリアがあるが、「道の駅」は一般道路のサービスエリアのようなものだ。長距離のドライブで疲れた体をひと休みさせるには格好の「オアシス」だ。チューブワーム幼生の長旅にも「道の駅」のような場所があるのではないだろうか。いや、むしろ、それを積極的に想定し、積極的に探索するべきなのかもしれない。初めから「ある」と思って探すと、今まで見えなかったものも見えるようになってくるから。今までは「道の駅」として具体的なイメージがなかったから、それを考えてこなかっただけだ。いったん「ある」と思ってしまえば、いろいろな発想が生まれてくるものだ。

では、チューブワーム幼生の「道の駅」とはどんな場所か。やはり「イオウさえあれば」がキーワードで、硫化水素（あるいはメタン）の供給が必要条件だろう。大洋底で、熱水噴出域やメタン湧水帯の他に硫化水素・メタン源を探すとなると、沈没船くらいだろうか。しかし、「道の駅」になるくらい都合のよい沈没船がそうそうあるとは思えない。大洋底に適当な間隔をおいて硫化水素・メタン源が存在するとしたら、それはいったいどんなものだろう。

クジラの遺骸――「飛び石」仮説

一九八七年一一月、潜水船「アルビン」の第一九四九潜航が始まった。前人未到の二〇〇〇潜航を目前にして、この日はロサンゼルス沖のサンタカタリナ海盆の海底調査だ。ここはもう何年も調査しているので、海底がどんな様子か、どんな生物がどのくらいの密度でいるのか、という予備知識は豊富だ。水深一二〇〇メートルあまりの海底に達し、航走を開始する。海底は見慣れた様相を呈している。と、前方に何か白いものが見える。初めて見るものだ。接近すると、クジラの遺骸だ。ほとんど白骨化していた。

鯨遺骸の骨や近くの海底は微生物マットに覆われていた。微生物の正体はイオウ酸化バクテリアの一種（*Beggiatoa*）だった。サンタカタリナ海盆でベギアトア・マットを見たことはなかった。潜水船で鯨骨（げいこつ）を拾ってきたところ、強い硫化水素臭がした（つまり、鼻が曲がるほど臭かった）。また、鯨骨は脂っぽかった。クジラは油脂の多い動物で、昔は油脂原料の大半は鯨油だった。鯨骨にも油脂が多く含まれており、それが腐ったのが硫化水素臭の原因だろう。

鯨遺骸にはシロウリガイが住みついていた。サンタカタリナ海盆ではそれまで見たことがなかった。シロウリガイはもっぱら体内の共生イオウ酸化バクテリアに栄養依存しているので、シロウリガイの存在は熱水噴出域やメタン湧水帯との関連を想定させる。鯨骨にはシロウリガイ以外の貝類も住みついていたが、これらもシロウリガイ同様、共生イオウ酸化バクテリアを持っている。硫化水素、イオウ酸化細菌、シロウリガイなど。状況証拠がそろったようだ。

鯨遺骸は、硫化水素の供給源であり、熱水噴出域やメタン湧水帯で見られるような生物を住みつかせている。これこそ「道の駅」「深海オアシス」の条件であり、シロウリガイなどの分布と伝播にひと役かっているのだろう。ただ、発見者のスミス博士(ハワイ大学)は「道の駅」をご存じないらしく、鯨遺骸をさして「飛び石」(stepping stone)といっている。確かに、生物の分布と伝播を考える上では「飛び石」のほうがピッタリくる。

「飛び石」仮説への反論

熱水性生物の分布拡大に鯨遺骸が「飛び石」として役立っているという仮説はかなり面白いが、それへの反論も強かった。

スミス博士の「飛び石」仮説が登場したのは『ネイチャー』という科学雑誌の一九八九年九月七日号。翌年三月二二日号には最初の反論が掲載された。反論の主旨は「鯨遺骸に住みついている生物は真の意味で熱水性ではない。鯨遺骸には熱水固有種は見られない。鯨遺骸で見られるのは熱水域とメタン湧水帯の両方に適応した種である。したがって、鯨遺骸が熱水性生物の分布拡大に役立っているとは思えない」というものだった。

確かに、鯨遺骸にはチューブワームは見られなかった。チューブワームのいない生物群集なんて熱水性と呼べない、という気持ちもわからなくもない。しかし、「飛び石」たる鯨遺骸の本質的意義は、熱水性生物の分布拡大にこだわることではなく、熱水性生物を含めた「硫化水素依存性の生物群集」の分布と伝播に役立つという点である。〝熱水性〟という言葉を〝硫化水素依存性〟に置き換えればよいのだ。

次の反論は一九九一年二月一四日号に掲載された。これも鯨遺骸と熱水噴出孔を同じに考えるのは無理があるという。ただ、三五〇〇万年前の鯨化石に関する指摘は面白い。鯨化石をよく調べると、二枚貝がくっついているのが発見された。現生種では共生イオウ酸化バクテリアを持つものに相当する。やはり鯨遺骸と硫化水素依存性の生物は昔から深い関係にあったのだ。日本でも、シロウリガイなどの硫化水素依存性貝類がくっついた鯨化石（一六〇〇万年前）が報告されている。鯨化石とともに大量のカニ化石が産出した例もあるが、このカニが硫化水素依存性かどうかは不明である。

クジラは進化のニューフェース

鯨化石の調査から、鯨遺骸と硫化水素依存性生物は昔から深い関係にあったことがわかった。しかし、昔からといってもクジラは生物進化の歴史ではわりと新参者の部類に入る。クジラの祖先が出現したのは今から約五五〇〇万年前、恐竜が謎の大絶滅をした頃だ。それまで海洋世界に君臨していた魚竜も姿を消し、それにとって代わるようにクジラの祖先が現われた。専門的には、魚竜の生態学的な地位（ニッチェ）をクジラが占めるようになったということになる。

クジラの出現を許したのは、何らかの原因で魚竜が絶え、生態学的な空席ができたためだけではない。魚竜には魚竜の生き様や食物の好き嫌いがある。クジラにもクジラの生き様があり、食物だって魚竜と全く同じではない。生物進化の歴史が進むにつれ、生態系も進化し、その時代を特徴づける食物連鎖が形成される。古代の海はクラゲの海、次の時代はイカ（オウム貝）の海などといわれるのも、食物連鎖の進化と無関係ではない。

魚竜・恐竜の全盛期、海洋食物連鎖はひそかに新しい形態への移行を始め、クジラが登場する舞台を準備していた。まず、ガラスの殻を持った珪藻が出現した。地殻に最も豊富に存在する元素はケイ素（シリコン）だが、それを主成分とするガラスがやっと生物に利用されるようになった。珪藻は光合成能力が高く、かなり大きな細胞や細胞群体を作る種類もある。これはオキアミのような大型の動物プランクトンに食べられ、オキアミは鬚クジラに食べられる。珪藻の出現がオキアミの出現を可能にし、ひいてはクジラの出現をも可能にしたのである。

では、クジラの出現以前はどんな生物が「飛び石」だったのだろう。おそらく魚竜だと思われるが、今まで魚竜化石と硫化水素依存性生物との関連を指摘した報告はない。しかし、魚竜のサイズはクジラに匹敵し、鯨骨の油脂が腐って硫化水素が生成したように、魚竜の骨・肉が腐って硫化水素が生じたと考えてもいいだろう。では、魚竜以前は？

日本でも海底に鯨遺骸を発見

科学的発見にはしばしば共時性がある。ある理論を誰かが考えついたら、世界のどこかで同じようなことを考えている人がいるという現象である。ある意味では、科学的発見とは時代精神の産物なのかもしれない。しかし、これは海底の鯨遺骸の発見にも当てはまるのだろうか。

鯨遺骸の「飛び石」説をめぐる議論がまだ盛んだった一九九二年九月、今度は日本の海底で鯨遺骸が発見された。場所は伊豆諸島の鳥島（とりしま）の東方沖にある鳥島海山の山頂。水深は四〇〇〇メートルあまり。静岡大学（当時）の和田秀樹博士は「しんかい六五〇〇」に乗り込み、地質学的な潜航調査を行なおうとしていた。しかし、和田博士が見たものはクジラの白骨死体だった。

この鯨遺骸は全長一〇メートルあまり。頭骨から背骨をへて尾骨まで、生前の姿が容易に想像できるほど保存状態がよかった。鯨遺骸は頭を南西に向けていた。この辺の流れは弱いながらも南西から北東に向かっている。このクジラは死期にあって沈みながらもなお流れに向かい、海山の山頂に身を横たえて静かに息をひきとったのだろう。

しかし、和田博士らの発見第一声は何とも感動に乏しかった。「何すか、これ」。これが和田博士と鯨遺骸との出会いであり、私をも巻き込んだ研究プロジェクトの幕開けだった。鳥島海山の鯨遺骸にも硫化水素依存性と思われる二枚貝が住みついており、シンカイコシオリエビもたくさん群がっていた。サンタカタリナ海盆の鯨遺骸を思い出させるに十分だった。

和田博士の潜航を含んだ調査航海の首席研究員は海洋科学技術センター（当時）の藤岡換太郎博士だった。藤岡博士と和田博士は、この鯨遺骸の生物群集は、鳥島海山鯨骨生物群集だからＴＯＷＢＡＣ（Torishima Seamount Whale Bone-Associated Community）、トウバックと呼ぶことにした。

鯨遺骸への挽歌

私はトウバックに匹敵するような研究プロジェクト名が欲しくなり、ラテン語でクジラを意味するシータスＣＥＴＵＳという名称を思いついた。「海底の定点における比較・実験タフォノミー」（Comparative & Experimental Taphonomy at Underwater Stations）の頭文字だ。タフォノミーとは、生物が死んで底泥に埋まり化石化する過程の研究である。正直いって、世の中にこんな研究分野があることは知らなかったし、おまけに、タフォノミーなんて立派な名前までついているのには感動すら覚えたものだ。

ついでに、鯨骨調査の船上で鯨遺骸への挽歌を作ってみた。一緒だったアメリカ人にもわかるように和英対訳付きでがんばってみた。

Like a sonnet　ソネットもどき

Fathomless down in the deep afar,　底知れぬ遥かな深淵、
Under the pressure of hundreds bar,　数百気圧の水圧下、
Lying is the whale bone.　横たわるは鯨骨か。

Through the swallowing mouth ajar,　鯨呑(くじらどん)の口は半ば開き、
Animal undertakers crawl in to mar.　忍び込む動物は解体屋。
Where is the big soul gone?　大いなる魂はいま何処。

She was once a cruising mountain.　昔日(せきじつ)の遊弋(ゆうよく)は山の如し。

She is now a feeding fountain,
Sunk down in a mournful tone.
The whale came to the deep-sea rest.
The animals keep her under arrest,
Because she is the stepping stone.

いまや動物の食糧源。
沈みては物憂し。
深海に安寧を求めたが、
動物どもに捕まった。
生物伝播の飛び石ゆえに。

さまよえる鯨遺骸

和田博士の発見から一年後、われわれは鯨骨再訪の航海に出た。幸いにも「しんかい六五〇〇」潜航調査の機会が私にも与えられ、私は歓び勇んで潜水船に乗り込んだ。目指すはもちろん鯨骨だ。昨年の経験からパイロットに土地カンはあるし、今回はＬＢＬ（Long Base Line）という高精度の音響航法システムを用いているので、行ってすぐに再発見できるだろうと思っていた。しかし、私は甘かった。このミッションは高度四〇〇〇メートルの上空から一〇メートルの物体を発見するようなもので、困難なものになることを認識しておくべきだった。

母船「よこすか」上では航法管制長が鯨骨に潜水船を誘導すべく、綿密な位置測定を行なっていた。潜水船は海山山頂に着いた。打ち合わせ通り、鯨骨の東側から格子を切るように少しずつ西側に移動していく。潜水船の視界は前方一〇メートル、左右各五メートルくらいなので、航走ラインの間隔は一〇メートル以上になると物体を見落とす恐れがあり、前のラインの西側に沿って航走。しかし、思ったより流れが強く、潜水船が東へ流される。つまり、前のラインに重なるわけだ。先へ（西へ）進めないもどかしさ。

悪戦苦闘一時間あまり、鯨骨はまだ見つからない。「よこすか」の航法管制長から誘導を受け、速い流れに逆らいながらも目的地に向かう。しかし、それでも見つからない。「確かにこの辺にあるはずなんだけど……」潜水船内では疲労の色が濃くなってくる。しかし、母船の航法管制長はもっと大変だった。正確な測位、的確な誘導。このときの航法管制長の苦労は想像に余りある。

潜水船の航跡はもう格子ではなく、クモの巣になっていた。まる四時間、航走距離三〇〇〇メートルの捜索にもかかわらず、鯨骨はついに見つからなかった。鯨骨はどこかに動いてしまったのだろうか。

鯨遺骸を再発見！

鯨骨が見つからなかったその夜、われわれは潜水船航跡図を前に作戦会議を開いた。目的は鯨骨再発見の一点で、全員がそれに向かっていろいろな対策を考え、討論する。陸の会議でよくありがちな「存在をアピールするための反対意見」とか「仕事を増やしたくないだけの慎重意見」など、全然ない。こういう目的達成指向の会議ならいつでも大歓迎だ。

母船の位置はGPSという人工衛星測位システム（カーナビゲーションに使われている）で正確に測定されている。潜水船の位置もLBLで正確に求められる。われわれは海底のビデオを見ながら、きょうの潜航調査は鯨骨にかなり接近していた、いわゆるニアミスだったのではないかと考えるようになり、明日の和田博士の潜航調査ではきょうの航跡の空白部分を調べるという結論に達した。

翌日、和田博士の潜航調査が始まった。最近は潜水船から母船に一〇秒程度の間隔で静止画像が送られてくる。着底後しばらく航走すると、母船の画像モニターに白っぽいものが見えた。「えっ」と思っているうちに潜水船から「鯨骨発見」の連絡が入った。あっさりした発見だった。和田博士と鯨骨の出会いはいつもこうだ。和田博士があっさり再発見してくれたので、残りの時間をたっぷり使って鯨骨観察やサンプル採集をすることができた。それも昨日の四時間の捜索の成果だと思う。

ふつうなら、個々の研究者が別々の研究テーマをもって潜航するので、昨日の潜航ときょうの潜航で共同作戦を展開するのが難しい。しかし、首席研究員の藤岡さんの明確な目的意識のおかげで、二つの潜航が相補いながら困難なミッションを遂行することができた。昨日の潜航がムダにならずにすんだのだ。

　この日以来、共同作戦の展開がわれわれの調査スタイルになっている。

鯨骨生物群集

さて、鳥島海山の鯨遺骸には二枚貝をはじめ多くの動物が群がっていた。二枚貝は共生イオウ酸化バクテリアを有する種類かそれに近縁で、鯨遺骸が硫化水素の供給源である可能性を示唆する。他に多いのはシンカイコシオリエビだが、これは硫化水素依存性ではなく、深海にはどこにでも見られるコスモポリタンだ。

　鯨骨の下にはゴカイの生管が無数に生えている。モニターを通して初めて見たときは「やった、チューブワームだ！」と興奮したが、よく調べるとゴカイの一種だったのでちょっとがっかりした。しかし、ゴカイがこんなに多いなんてやはり尋常ではない。一般にゴカイは貧酸素環境に耐え、臭い底泥の優占的居住者である。鯨骨直下がそういう環境なのに違いない。

　クジラのような巨大な有機物の塊が海底で分解・腐敗するとしたら、そこの環境にかなりの影響がおよぶと考えられる。まず、分解の初期過程では有機物の酸化（酸素消費）が進み、分解産物は二酸化炭素や硝酸になる。やがて、鯨遺骸の内部や直下では酸素が使い果たされ、無酸素的な分解、つまり腐敗が始まる。腐敗の産物はメタンとアンモニアである。おまけにクジラは油脂分が多い。メタンや油脂分が海水中の硫酸イオンと反応すると硫化水素ができる。これが鯨遺骸について想定された硫化水素の供給メカニズムである。鯨遺骸の肉や油脂がある限り、この「深海オアシス」は持続する。

鯨遺骸直下および周辺の底泥を調べると、鯨骨に近いほど硫化水素が多いことがわかった。最大約二〇マイクロモルという濃度はサンタカタリナ海盆からの報告と同じである。また、底泥中の微生物数も鯨骨に近いほど多かった。明らかに鯨骨に関連した化学・微生物的勾配が形成されていた。底泥中の脂肪酸量にも同じ勾配が見られた。

微生物の指紋は脂肪酸

脂肪酸は、脂肪（脂質）の構成要素で、とてもたくさんの種類がある。美容と健康によく頭もよくなるという脂肪酸、エイコサペンタエン酸（EPA）やドコサヘキサエン酸（DHA）はよく知られている。マーガリンの宣伝に出てくるリノール酸も脂肪酸のひとつだ。

この多種多様な脂肪酸のうちどれとどれを持っているか、つまり脂肪酸組成は微生物の種類ごとに異なる。逆にいうと、脂肪酸組成を見れば、この微生物とあの微生物は同じか違うか、近縁か無縁か、ということがわかる。脂肪酸は微生物種の指紋のようなもので、バイオマーカーと呼ばれる。

そこで鯨遺骸直下および周辺の底泥に含まれる脂肪酸の組成を調べてみた。すると、鯨骨直下と鯨骨から二〇センチ離れた底泥にメタン酸化バクテリアと硫酸還元バクテリアのバイオマーカー脂肪酸が見られた。来たな、という感じである。明らかに鯨遺骸の腐敗でメタンが発生し、そのメタンを酸化してエネルギーを得るもの、そのメタンや鯨油脂で硫酸イオンを還元して硫化水素を生成するものが、鯨骨直下の底泥にいるのだ。

鯨遺骸の硫化水素供給メカニズムは今まで想像に過ぎなかったが、ここにきて急に現実味を帯びてきた。CETUSプロジェクトも勇気づけられ、さあ、この路線でいってみようということになったが、和田博士のあっさり再発見（一九九三年）以来、鯨遺骸再訪は実現していない。あれからずいぶん経ったが、鯨遺骸と生物群集はどう変わっただろうか。

新たな鯨遺骸を探して

われわれの鯨遺骸再訪が行なわれる一か月前の一九九三年八月一二日、新潟県青海町（現・糸魚川市）の漁師、建部謙輔氏が海上で大型生物の腐乱死体を発見した。体長は一〇メートル以上だったという。青海町の恐竜「オッシー」と名づけられた。残念ながら、ロープに懸けて港まで曳航する途中、ちぎれて沈んでしまったが、建部さんはビデオや写真に撮影し、沈んだ海域も正確に覚えている。

写真やビデオを見た専門家は「オッシー」はクジラだという。われわれには「オッシー」は恐竜でもクジラでもよい。「オッシー」という名の大きな生物の死体が海底に横たわっている、ということが大切なのだ。そこで、われわれはオッシー探しをしようとした。建部さんに連絡をとり、同時に、深海カメラや無人探査機などを使わせてもらえるか検討を始めた。しかし、われわれの動きは上層部の知るところとなった。

日本の研究機関はトップダウン方式で、上層部の意思が研究計画に強く反映される。しかし、研究者個人の思いつきや興味から生まれた研究計画はしばしば他人（特に上層部）には受け入れられず、それを発展させることもままならない。残念ながら、われわれのCETUSプロジェクトは上層部のお気に召さないらしく、研究予算をつけてもらえなかった。

一方、アメリカではサンタカタリナ海盆の鯨遺骸の後、続々と新たな鯨遺骸が発見され、継続的かつ実験的な調査研究が進められている。研究者として先を行かれるのは悔しいが、いつか上層部が「アメリカがやっているのならよい研究だろう」と思ってくれることに期待しよう（黒船以来の伝統だから……）。

オッシーがだめならルーシーで

こうなったらCETUSの本領発揮である。CETUSのEはExperimental（実験的）のE。鯨遺骸との邂逅を求めて海底探索するのも一計だが、こちらから鯨遺骸を海底に置いてくるのも一案だろう。クジラの死体をどこで調達して、どうやって運ぶのか、という問題もあるが。

われわれは手始めとしてクジラではなく、ブタを選んだ。それもブタの頭部である。これは大人が両手で抱えられるくらいで、潜水船や無人探査機のペイロードラックにちょうど収まるサイズだ。頭部を選んだのは骨が外にあって脳ミソを囲み、この腐敗過程で頭蓋骨内に無酸素状態が作られると考えたからだ。他の部分だと肉が外にあるので周囲海水からの酸素供給が多く、ブタくらいの有機物サイズでは酸素を消費し尽くす前に肉が分解され尽くしてしまうだろう。

ブタの頭は、無人探査機「ドルフィン3K」で相模湾の海底に設置されることになった。「初島沖」として有名なメタン湧水帯の一角だが、シロウリガイが住みついていない場所である。こうして、一九九五年四月一八日の設置以来、継続して観察および底泥調査を行なったが、四〇〇日ほど経過したとき、近くの海崖で地すべりが起きて、豚頭は埋まってしまった。

まだ埋まる前、その豚頭は「ルーシー」と命名された。船上で豚、豚といってるうちにビートルズの歌詞の一節〝See how they run like pigs from a gun, see how they fly〟を思い出し、豚が空を飛ぶ様子を想像したら、次に〝Lucy in the sky with diamonds〟を思い出した。ルーシーLucyという名の由来である。

バイオマーカー脂肪酸

「ルーシー」実験は途中で終わってしまったので最終的な結論を出すにいたっていないが、一応の結果として、短期間にせよ鯨骨と同じような微生物プロセスが進み、多くのシロウリガイが誘引されたことがわかった。つまり、豚頭の腐敗によりミニ深海オアシスができたわけだ。

そして、豚頭付近の底泥にはやはりメタン酸化バクテリアや硫酸還元バクテリアのバイオマーカー脂肪酸が増えていた。

鯨遺骸の生物群集調査でもそうだったが、底泥中の脂肪酸分析は小規模な、あるいは、まだできたての深海オアシスの調査に向いている。まず、脂肪酸全量は微生物数の指標になるので、底泥中の脂肪酸量を見れば、そこの微生物が多いか少ないかがわかる。そして、メタン酸化バクテリアや硫酸還元バクテリアなど、ある種の微生物には特徴的な脂肪酸があるので、それを指標にして底泥中で進んでいる微生物プロセスを推定することができる。

さらに、脂肪酸にはいろいろな種類があり、その組み合わせ（組成）は微生物の種類ごとに異なる。つまり、微生物の指紋になる。同じことが底泥中の微生物〝群集〟にも当てはまる。底泥の脂肪酸組成が似ていれば、それらの海底環境は互いに似ていると考えられる。例えば、相模湾の初島沖海底は有名なメタン湧水帯だが、ここと脂肪酸組成がよく似た底泥があれば、そこにも何らかの形でメタン供給源があると考えてよいだろう。この考えにもとづいて、新たな海底メタン湧出の探索を始めたところだ。

海底の割れ目と生物群集

一九九三年七月、北海道奥尻島の北方で地震（北海道南西沖地震）が発生し、甚大な被害を与えた。あのときの津波などで亡くなった方には御冥福をお祈りし、被災された方には心からの励ましを送らせていただきたい。この地震の震源域は日本東縁変動帯と呼ばれる地殻変動帯にあり、積丹沖地震（一九四〇年）、男鹿半島地震（一九六四年）、日本海中部地震（一九八三年）などもこの変動帯で発生した。

この日本海変動帯において潜航調査が行なわれているが、一九九一年、富山大学の竹内章教授が奥尻海嶺という海底山脈で海底にパックリと口を開けた割れ目を発見した。割れ目は幅数センチから一メートル、長さ一〇メートル程度を単位として、数本が並行していた。そして、割れ目は白っぽく縁どられていた。バクテリア・マットだ。

一九九五年、竹内教授を首席として、この割れ目域の詳細な調査潜航が行なわれた。割れ目には何やら一センチもないような小巻貝が群生し、数ミリ程度の動物プランクトンが底泥のすぐ上でワサワサ動いている。底泥表面には二、三ミリ大のダンゴムシのようなもの（等脚類?）がモゾモゾしている。周辺の海底とは様相を全く異にしている。規模も生物量も小さいが生物群集だ、割れ目生物群集だ。

この生物群集がメタンや硫化水素を利用するバクテリアの化学合成に依存しているとしたら、これは日本海では初めての発見になる。もちろん、日本海初の深海オアシスだ。さっそく、割れ目の中や外で底泥を採取し、脂肪酸を分析した。

割れ目の栄養源は何か

割れ目の底泥の脂肪酸分析から、割れ目に近いほど全脂肪酸量と脂肪酸の種類が多いことがわかった。これは割れ目に近いほど、微生物の量と種類が多いことを意味する。やはり、割れ目には何かあるのだ。そこで、メタン酸化バクテリアや硫酸還元バクテリアの脂肪酸バイオマーカーを見ると、これも割れ目に関連していることがわかった。割れ目を通って、メタンや硫化水素が出ているのだろうか。きわめつけは、ある割れ目の底泥の脂肪酸組成が相模湾初島沖ととてもよく似ていたことだ。初島沖と同じように、ここでもメタン湧水があるのだろうか。

初島沖メタン湧水の原因には諸説あるが、相模湾におけるプレート沈み込みが関係しているらしい。奥尻海嶺の割れ目生物群集でも、おそらくプレート沈み込みによる間隙水絞り出しが関係しているのだろう。そもそも日本海東縁変動帯が新たなプレート境界で、今まさに沈み込み帯になろうとしているところだ、という説（日本海東縁新生海溝説）もあるくらいなのだから。

割れ目から本当にメタンが湧出しているかどうかはまだわかっていない。しかし、日本海の海底には表面から一〇メートル程度の深さにメタン層があるとのこと。氷河期、この辺りは陸か浅瀬で植物が繁茂していた。その植物体が長い年月をかけて堆積し、メタンに富む層を作ったそうだ。もし、脂肪酸分析から示唆されたメタン湧出が本当なら、その割れ目は少なくとも海底下一〇メートルのメタン層まで達しているはずだ。そんな深い割れ目があるとわかれば、奥尻海嶺で進んでいる地殻変動の全体像を推定する材料になるかもしれない。

地震生態学事始（ことはじめ）？

底泥の脂肪酸分析から割れ目の深さや局所的な地殻変動まで推定するとはいかにも大ブロ

シキを広げているようだ。これで地震予知研究ができるとの誤解も招きかねない。しかし、脂肪酸分析を武器にしたわれわれのアプローチにはそれなりの利点もある。

もし割れ目が何らかの理由で（堆積や地滑りなどで）底泥に埋まり、地形的には確認されない場合でも、底泥脂肪酸の分析により、底泥に隠された〝深い割れ目〟の存在を推定できる。また、肉眼で割れ目が観察できても、脂肪酸分析からはメタン湧出が示されない場合もある。この場合、この割れ目は浅いと考えられ、割れ目を作る力が小さかったと推定できる。

富山大学の竹内教授は、割れ目・バクテリア・生物群集・脂肪酸の関連を積極的に考察し、地震など地殻活動の研究に役立てようと考えている。私たちはこれを「地震生態学」(seismo-ecology) と呼びたいのだが、いかにも「地震ナマズの研究」に聞こえるというので、ちょっとためらっている。これからも、「割れ目」という深海オアシスでの生物群集の形成・発達をじっくり観察し、地震国日本で研究する者として、生物・微生物の分野からも地震研究に資するデータを提供していきたい。

マンガンで舗装された崖

地震国日本は資源小国でもある。深海底にころがっているマンガン団塊が注目されるのも無理はない。これには世界各国も注目していて、国連海洋法条約の第一一部で「深海底およびその資源は人類共同の遺産であって、国際海底機構が人類全体に代わって資源の探査および開発その他の活動を組織し、遂行し、かつ管理する」と定められているほどだ。

このマンガン団塊にちなんだ深海オアシスの空想をひとつ。マンガン団塊の成因についてはまだよくわかっていないが、微生物が関与しているという説がある。まず、深海には、鉄やマンガンのスキャベンジャー（掃除屋）として、細胞の外側に鉄やマンガンを捕集する微生物がいる。また、熱水噴出域や海山からは鉄やマンガンを酸化してマンガン団塊の生成に関与すると思われる微生物が報告されている。これらの微生物はもしかしたら、鉄やマンガンを酸化して代謝エネルギーを得ているのかもしれない。鉄やマンガンの酸化で得られるエネルギーは硫化水素の酸化とは比べものにならないほど小さいが、それでも栄養物に乏しい深海では一種の化学合成プロセスとして役立っているというのは考えすぎだろうか。

琉球海溝や紀南海崖（紀伊半島の南方海底）の急斜面は一面がマンガンで舗装されている。比高が何百メートルもあるような崖が何百キロメートルも続いているが、その崖一面をマンガンが覆っている。まるで崖からマンガンが浸み出てきたかのようだ。

マンガンの酸化で得られるエネルギーは確かに小さい。しかし、琉球海溝や紀南海崖ほどの規模でマンガン酸化が起きているとしたら、その酸化エネルギーの総量は莫大であるに違いない。もしかしたら、琉球海溝や紀南海崖というのは化学合成プロセスがひじょうに遅くて目立たないだけで、何千年単位で見れば大きな深海オアシスなのかもしれない。

タイタニック号のツララ

鉄酸化バクテリアは鉄の酸化からも代謝エネルギーを獲得できる。代表的な鉄酸化バクテリア（ガリオネラ）は細胞が螺旋状だが、この形態の微生物がいろいろな熱水噴出域から報告されている。これも化学合成バクテリアの一種として、深海オアシスの形成と維持に関わっているのだろうか。

熱水噴出域以外で鉄酸化バクテリアがいるところといったらどこだろう。そもそも海洋には鉄分が不足していて、海洋の光合成生産は鉄を増やせばもっと多くなるという仮説もあるくらいだ。鉄の供給源など、それほどたくさんあるわけではないだろう。一つの可能性は沈没船である。沈没船はいってみれば鉄の塊だ。これが酸化されたときのエネルギーの総量を考えると、これも一つの深海オアシスになり得るのではないだろうか。

沈没船といえば、タイタニック号の悲劇が思い出される。一九一二年四月一四日、豪華客船タイタニック号が氷山と衝突し、乗員二二〇〇余名のうち救助されたのは七一〇余名という悲劇だ。その後、タイタニック号は海底で行方不明になったままだった。一九八五年になってようやく、深海カメラから水深三七九五メートルの海底に眠るタイタニック号の姿が送られてきた。

タイタニック号は無残にも中央で二つに折れていた。そして、船体のいたるところにツララのようなものが見えていた。鉄の〝さび〟だった。船体をつくる鉄が一時的にせよ溶け、それが酸化されてツララのようなさびをつくったのだ。ツララは英語でicicleというので、このさびのツララはrusticleと呼ばれた。さびのツララを作ったのはハロモナス・ティタニカエという鉄酸化バクテリアである。沈没から数十年という時間をかけてさびのツララを作ったのだ。これもやはり、ひじょうに遅くて目立たないだけの化学合成プロセスなのだが、あと二、三〇年でタイタニック号の船体が分解されてしまうという恐れもある。いずれにせよ、深海オアシスの多様性を考えるときには時間の進み方の多様性も考えるべきだろう。

湖底熱水活動

深海オアシスの多様性を考えるとき、地理的な多様性と時間経過の多様性を考えるべきだといった。しかし、深海オアシスの定義を深海だけに限らず、拡大解釈したらどうだろう。例えば、湖の底だ。海底熱水活動ではなく湖底熱水活動だ。

アメリカのオレゴン州にクレーターレイクという火口湖がある。マザマ山を登っていき頂上に出るとパッと視界が広がり、眼前には今まで見たこともないような青い水が湛(たた)えられている。不思議な静けさに包まれた真っ青な湖水には思わず引き込まれそうになる。水深約六〇〇メートルの湖底は水温摂氏三・五度。湖底の泥中温度は直上水より約六度高い摂氏九・五度。湖底の斜面にはバクテリア・マットが観察された。このバクテリアをよく調べたところ、何とあの螺旋状の鉄酸化バクテリア、ガリオネラがいた。マザマ山の火山活動は約四〇〇〇年前まで活発だったが、その名残として湖底温水活動があり、バクテリア・マットが形成されているのだろう。

世界最深の湖、シベリアのバイカル湖でも湖底にバクテリア・マットや生物コロニーが観察されており、湖底熱水活動が示唆されている。バイカル湖はもともと大陸の割れ目（地溝帯）の湖なので、海底の割れ目（リフト）に熱水活動があるように、バイカル湖底に熱水活動があっても不思議ではない。

バイカル湖と同じ成因で、姿もよく似た湖がアフリカの大地溝帯にある。世界で二番目に深いタンガニーカ湖である。アフリカ大陸東部は南北に大きな割れ目が走り、今、裂けつつある。その裂け目にできたのがタンガニーカ湖なのだから、その湖底に熱水活動があってもおかしくはない。

洞窟温泉で深海オアシスの夢を

深海オアシスの多様性をさらに拡大解釈すると、湖底だけでなく陸上にも似たようなオアシスを探してみたくなる。となると、「イオウさえあれば」がキーワードなのだから、やはり温泉だろう。よく秘湯といわれる温泉では、お湯の流れにユラユラと白い糸束が揺れている。これは目に見えるほど大きくなったイオウ酸化バクテリアの集団で、硫黄芝と呼ばれている。温泉は人間にとって極楽だが、イオウ酸化バクテリアにもパラダイスなのだ。

しかし、たとえ硫黄芝の生える温泉でも、ふつうの温泉の生態系ではやはり光合成の寄与が大きく、イオウ依存性の化学合成オアシスという性格が見えてこない。そこで注目したいのが洞窟温泉だ。ここに生物群集があるとしたら、それは化学合成依存の生物オアシスのはずだ。

ルーマニアのモーヴィル洞窟はそのような調査に理想的な洞窟だ。洞窟内には陽が差さず光合成はできない。洞窟の入り口は五〇〇万年以上も前に水没し、以来、洞窟の中は地表から隔離されてきたので、洞窟外からの食物供給もない。しかし、洞窟内には生物群集が形成され、その生物の多くは新種だった。

この洞窟生物群集は化学合成依存性である。洞窟内は硫化水素を含んだ鉱泉水が湧き、イオウ酸化バクテリアのパラダイスだ。増殖したイオウ酸化バクテリアを微小プランクトンが食べる。イオウ酸化バクテリアのマットをダニのような小生物が食べる。ここの食物連鎖は熱水噴出孔のそれと同じだった。

このモーヴィル洞窟を指して「生物多様性のホットスポット」という学者もいる。生物の多様性だけではない、われわれにとっては拡大解釈した「深海オアシスの多様性」をさらに拡大できることになる。いつか、洞窟温泉につかりながらチューブワームの来し方行く末を想像してみたいものだ。

チューブワームの来し方行く末とは、チューブワームの進化の歴史である。生物進化において、チューブワームがどのように誕生し、これからどのように発展していくのか。「深海オアシスの多様性」を横方向への空間的な広がりとすれば、チューブワームの来し方行く末は縦方向への時間的な広がりである。生命の起源にまでさかのぼり得る地球史的な広がりである。

光合成に依存した表舞台の生命に対して、地下水脈のように連綿と続いてきた「太陽に背を向けた生命史」を読み解く鍵がここにある。

第五章

化石となったチューブワーム

天則と真実は、燃えたつタパス（熱力）より生じたり……
タパスより浪だつ大海は生じたり。

（『リグ・ヴェーダ讃歌』辻直四郎訳より）

スター・ダスト・チルドレン

今から一五〇億年前、宇宙の誕生（ビッグバン）とともに水素とヘリウムが生まれた。宇宙は水素とヘリウムのスープだった。このスープにさざ波が起こり、分布の「むら」、つまり、密度の濃いところができた。いったん「むら」ができると、それは互いの重力でさらに集積し、銀河の卵になった。銀河の中では星（恒星）が生まれた。

恒星が星として輝けるのは水素やヘリウムの原子核反応のおかげである。恒星の内部では核融合反応が進行し、水素やヘリウムより重い元素が生まれる。特に多いのは炭素と酸素だ。核反応はさらに進行し、イオウが生まれ、最後には宇宙で最も安定した元素、鉄が作られる。鉄は重いので恒星の中心核に集積する。鉄は核反応を起こさないが、集積が進むと自分の重さに耐えられなくなり、重力崩壊して超新星爆発を起こす。恒星が作った炭素、酸素、イオウ、鉄は吹き飛ばされ、宇宙を漂うことになる。

今から五〇億年前、銀河系の一角に超新星の残骸が再結集し、太陽が生まれた。太陽を回る地球も超新星の残骸から生まれた。地球の炭素、酸素、イオウ、鉄は超新星の残骸だ。生物の体は炭素と酸素でできている。これも超新星の残骸だ。われわれは超新星の星くずでできたスター・ダスト・チルドレンなのだ。

ジャイアント・インパクト

超新星の残骸から生まれて一億年後、まだ灼熱の原始地球に巨大隕石が衝突し、原始地球のかなりの部分が吹き飛ばされた。ジャイアント・インパクトと呼ばれる大衝突だ。吹き飛ばされた物質は地球の近くで再集積し「月」になった。

月は、地球の衛星ということになっているが、衛星にしては不釣り合いなほど大きい。衛星というよりはむしろ〝姉妹惑星〟と呼んだほうがよいくらいだ。後で述べるが、この大きな妹が生命の誕生にひと役かっている。

地球生命の誕生はベートーベンの交響曲第五番「運命」に似ている。はじまりが衝撃的なのだ。ジャイアント・インパクトという衝撃的なイントロ。それが生命誕生という交響曲の幕開けだった。

ジャイアント・インパクトの巨大なエネルギーは、有機物合成という生命誕生の第一幕を上げた。「有機物」とは炭素化合物の総称であり（二酸化炭素など簡単な炭素・酸素化合物を除く）、「有機」とは生命力を有するという意味である（広辞苑）。炭素同士、炭素と酸素、炭素と水素、炭素とイオウ。炭素なしには生命（少なくとも地球型生命）は考えられない。

ジャイアント・インパクトで吹き飛ばされた物質のうち月になれなかったものは宇宙塵として原始地球に降り注ぎ、新たに作られた有機物をもたらした。長い年月をかけて原始地球に有機物が集積していった。

生命誕生のフラスコ

灼熱の原始地球が冷えてくると、大気中の水蒸気が凝結し雨となって一気に地表に降り注いだ。想像を絶する豪雨だったに違いない。こうしてできた原始海洋はアミノ酸など生命誕生の材料に満ちていた。

当時、月は地球のもっと近くにいた。月の潮汐力（ちょうせきりょく）は今よりもずっと大きく、原始地球の海は激しく揺さぶられた。あたかも、化学者がフラスコを振るようなものだった。原始海洋に満ちていたアミノ酸は互いに結合して重合体（じゅうごうたい）（ポリマー）を作った。アミノ酸が数個から一〇〇個程度までのポリマーはペプチドと呼ばれる。もっとたくさんのアミノ酸が結合したポリマーはタンパク質である。

原始地球の海には青酸やホルムアルデヒドという、今の生物にすれば猛毒物質も満ちていた。しかし、青酸やホルムアルデヒドは海底火山由来のリン酸とともに「フラスコ」で揺すられ、核酸というポリマーを生みだした。核酸はタンパク質と並ぶ生命の基本要素である。ポリマーを作る重合反応は秩序だっていた。秩序だった重合、それは物質と情報をつなぐものである。これこそ、ただの物質反応系と生物の代謝系を区別するものだ。

そして、物質に秩序を与えたものは表面（界面）だと考えられている。確かに表面（界面）には物質が集積しやすい。また、鉱物表面だと結晶構造が規則正しく、それが表面に集積した物質にも秩序を与えると思われる。

生命の誕生には、このような表面（界面）の特徴が不可欠と考えられている。そして、そのような表面はマジック・サーフェース（魔法の表面）と呼ばれている。

生命の誕生はパイライトで

マジック・サーフェースは黄鉄鉱（パイライトFeS_2）だという説（パイライト仮説）が提唱されている。パイライト表面はマジック・サーフェースの条件を満足させるからだ。すなわち、㈠パイライト表面は種々の物質の集積および反応（代謝）の場になる、㈡パイライト表面はパイライト生成を自己触媒し、反応系そのものが自己増殖し得る、㈢パイライト表面にはタンパク質などが膜状に吸着し始原細胞膜を形成し得る、等々の理由による。

硫化水素（H_2S）と硫化鉄（FeS）からパイライトができるとき化学エネルギーが遊離し、それが二酸化炭素の固定すなわち有機物合成に利用され得る。これはエネルギーの獲得反応であり、最初の代謝系として十分に考え得る。

増殖は生物の最も顕著な特徴である。しかし、むやみやたらに増殖しても、それは生物とはいえない。自分と同じものを複製するのが生物の増殖である。この意味で、自己増殖とは自己保存であり、遺伝子（DNA）複製系の獲得が不可欠である。

膜は内部の反応系と遺伝子を保護しつつ、外部との物質交換の窓口になる。膜は表面（界面）としていろいろな物質の集積および反応の場にもなる。パイライト表面では、代謝系の発達と始原細胞の形成（膜による包み込み）が進んだだろう。さらに遺伝子複製をともなう増殖系も取り込まれただろう。そして、今から四〇億年前のある日、代謝・増殖・膜の三点セットがそろい、最初の生命が誕生した。

熱水噴出孔はパイライト形成の場

「パイライト仮説」はいくつかの観察結果と仮定にもとづいているが、ここで重要な仮定を示しておこう。

最初の生命は従属栄養生物か独立栄養生物か

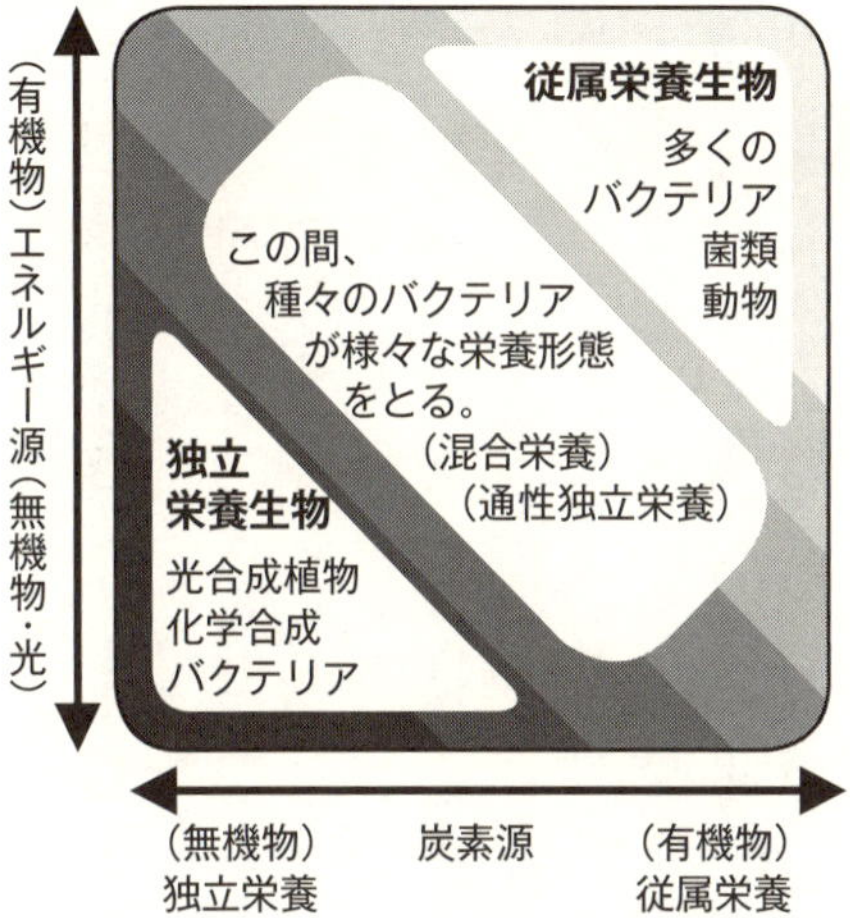

人間を含む全ての動物は右上の従属栄養生物に含まれる。無機炭素から有機物を合成できる独立栄養生物は、光合成植物と化学合成バクテリアだけである。バクテリアの栄養形態はきわめて多様で、どのような栄養形態カテゴリーにもなんらかのバクテリアが属している。

㈠　生命誕生以前の代謝が進行したのは硫化水素や金属硫化物（パイライトなど）に富む無酸素ないし低酸素的な水中環境である。
㈡　この環境では、パイライトは最も安定した鉄イオウ化合物だが、その生成速度は遅い。
㈢　この環境には二酸化炭素が多く、二酸化炭素の固定によりパイライト生成が促進される、等々。

この仮定を満足させる環境条件は熱水噴出孔に見られる。

現在の熱水チムニーを観察すると、ところどころにきらきら金色に光る部分がある。潜水船でチムニーの一部を採取すると、金色に光るのはパイライトだ。海底の熱水チムニーでパイライトが生成しているのだ。パイライトは俗に「愚か者の金」（fool's gold）と呼ばれる。ゴールドラッシュの頃、よく本物の金と間違われたそうだ（金のほうが硬くて軽い）。ゴールドラッシュで採掘されたパイライトも過去の熱水噴出孔で作られたのかもしれない。

いずれにせよ、現在の熱水噴出孔では大規模な硫化物鉱床が形成されていて、パイライトはその主な成分である。同じことが過去の熱水噴出孔でも起きたと考えられる。温故知新（過去に現在の指針を探る）は人生の真実だが、現在の知識から過去を推定するのも研究を進める上で必要だ。

最初の生物はイオウ酸化バクテリアの祖先

「パイライト仮説」によると最初の生物は、硫化水素を硫化鉄で酸化してパイライトを生成し、そのとき遊離する化学エネルギーで炭酸固定、すなわち有機物合成を行なったと考えられる。これは光エネルギーを用いて炭酸固定を行なう光合成と基本的には同じで、化学合成である。また、自ら有機物を作りだすという点で独立栄養でもある。つまり、最初の生物は化学合成独立栄養生物だったことになる。

一方、従来、広く受け入れられてきたのは「従属栄養仮説」と呼ばれる考えである。原始海洋には有機物が豊富にあり、栄養スープのようなものだった。最初に現われた生物は栄養スープの中に住んでいるようなものだから、自分で栄養を作りだす（独立栄養である）必要はない、つまり、最初の生物は従属栄養生物だったと考えられている。

光合成生物については、生命の誕生当時は雲が厚くて十分な太陽光が届かず、最初の生物になり得なかった、と考えられている。また、生命誕生当時の海水は高温だったと思われるが、現生の光合成生物のほとんどは高温に弱いことも否定的な考えの根拠となっている。

今のところ、「パイライト仮説」と「従属栄養仮説」のどちらが正しいかはわからない。しかし、パイライト仮説はここ数十年にわたって支配的だった従属栄養仮説に十分対抗し得る説であり、もっと注目されてよい考えである。もし、パイライト仮説が正しければ、硫化水素の酸化こそ生物最初の代謝反応ということになる。最初の生物はイオウ酸化バクテリアの祖先だった、とでもいいたくなる。

光合成の起源は熱水噴出孔か

熱水噴出孔は文字通り熱水を噴出しているが、それはすなわち熱線（赤外線）の放射でもある。赤外線は海水に吸収されやすいので遠くには届かないが、近くから熱水噴出孔の赤外線写真をとると、チムニーの形や噴出する熱水、煙のようにたなびく熱水プルームが写るはずである。

熱水噴出孔が放射する赤外線のスペクトル（波長特性）は温度によって異なるが、大まかに見ると、八〇〇～九〇〇ナノメートルの波長に一つ、一〇〇〇～一一五〇ナノメートルの波長にもう一つのピークがある。最近、この熱水赤外線のスペクトルが光合成に関係するという可能性が指摘された。光合成バクテリアはバクテリオクロロフィルという光合成色素を持っている（植物のクロロフィルとは違う）。このバクテリオクロロフィルがどの波長の赤外線を利用するのかを見たら、なんと、八〇〇～九五〇ナノメートルおよび一〇〇〇～一一五〇ナノメートルの波長に吸収極大があった。これは単なる偶然の一致なのだろうか。

ロンドン大学のニスベット教授らは、熱水性の微生物が熱水噴出孔を赤外線探知していたという説を打ち出している。彼らはバクテリオクロロフィルはそのための赤外線センサーなのだと考えている。そして、バクテリオクロロフィルが光合成に使われるようになったのは赤外線探知の〝副産物〟的な出来事だったとも考えている。

光合成の出現はその後の地球生態系を一変させるほどのビッグイベントだった。しかし、その起源が熱水噴出孔にありそうだとは、何という不思議なめぐりあわせなのだろう。熱水噴出孔は生体分子を作り、パイライトを作り、生命を作り、光合成まで作ったのだろうか？

化石チューブのパイライト

アラビア半島の東の角、オマーンに大規模な硫化物鉱床がある。約一億年前の海底熱水噴出地帯だったところだ。一九八三年、この硫化物鉱床からチューブワームの化石が発見された。化石だから軟体部は残っていないので、あの口も肛門も消化管もないチューブワーム（ベスティメンティフェラ）かどうかはわからない。

この化石チューブをよく見ると、太さは数ミリ、管厚は一ミリ、チューブ表面には隆起紋があった。大きさといい、外見といい、ベスティメンティフェラのチューブ（生管）によく似ている。化石産地がかつての熱水噴出孔という点からも、これはベスティメンティフェラだろうと考えられる。この化石チューブの表面はパイライト層で覆われていた。一億年前のパイライトだ。

同じ頃、地中海のキプロス島の硫化物鉱床でも約一億年前の熱水チムニーが発見された。そして、ここでも同じような化石チューブが発見された。チューブ表面にはやはりパイライトが沈着していたほか、チューブの内側、つまり、もともと軟体部のあったところにもパイライトが沈着していた。

熱水にはパイライトが含まれている。化石チューブを覆うパイライトは熱水中の成分が沈着したものだろう。このパイライト表面で、イオウ酸化バクテリアの化学合成が行なわれたかもしれない。あるいは、化石チューブ表面でイオウ酸化バクテリアが化学合成を行ない、その結果としてパイライトが沈着したのかもしれない。一億年前の化学合成の名残として。

三億五〇〇〇万年前の化石チューブ

一つの発見があるとそれに触発されたかのように、同じような発見が次々と報告される。化石チューブもそのよい例で、一九八五年にはアイルランドから化石チューブが報告された。化石の保存状態はよく、現在ベスティメンティフェラ、特に小型種（焼ソバ・チューブワームなど）の生管によく似ていた。そして、やはりパイライトに覆われていた。

生物進化年表

地球の誕生（46億年前）
生命の誕生（40億年前？）
最古の生物化石（36億年前）
酸素の放出（26億年前）
多細胞生物の出現（16億年前）
進化のビッグバン（6億年前）
生物の陸上進化（4億年前）
恐竜大繁栄（2億年前）
恐竜大絶滅（6500万年前）
猿人の出現（400万年前）
旧人の出現（10万年前）
新人の出現（4万年前）
文明の誕生（1万年前）
大航海時代（500年前）
産業革命（200年前）
宇宙・深海時代の幕開け（50年前）
「かいこう」マリアナ海溝底に（1995）
西暦2000年

この化石チューブの産地は今から三億五〇〇〇万年前の熱水噴出域である。当時の水深は一〇〇メートル以浅だったと考えられているが、これはオマーンの化石チューブが一〇〇〇メートル以深に生息していたのと好対照だ。ちなみに現生で一〇〇メートル以浅に生息するチューブワームは鹿児島湾の海底噴気孔（たぎり孔）において知られている。

ところで、三億五〇〇〇万年前といっても、地球四六億年の歴史に比べれば、つい最近のように思えるかもしれない。

よく地球の歴史を一年にたとえて、人類が誕生したのは一二月三一日の夜何時頃だといわれる。三億五〇〇〇万年前は一二月四日の早朝になる。しかし、これでは地球史の大半が無生命あるいは原始生命の時代になってしまい、生物進化のダイナミズムが実感しづらいのではないだろうか。

生物進化は時間軸を対数目盛にすると直観的に把握しやすくなる。例えば、現在から過去へさかのぼった時間を対数目盛で表わすと、三億五〇〇〇万年前という時代はずっと昔のように見える（前ページ図）。実際、三億五〇〇〇万年前とは、生物がようやく海から陸へ進出し、爬虫類（はちゅうるい）が出現した時代である。

五億四〇〇〇万年前のカンブリア紀に「進化のビッグバン」と呼ばれる生物進化の大事件が起こり、現在の生物の原型が全て出揃った。おそらく、チューブワームの原型もこのときに出現したのだろう。やがて体内に共生バクテリアを持つようになり、遅くとも三億五〇〇〇万年前までには熱水噴出孔の住人として特異な生息様式を確立したのだろう。

最古のチューブワームは

今まで報告されたチューブワームの化石は小型種に限られ、ガラパゴス・リフトや東太平洋海膨で見られるような大型種の化石はまだ報告されていない。また、シロウリガイや熱水性のカニ・エビなどの化石も報告されていない。

チューブワームの進化では、まず小型種が出現し、他の生物に先んじて熱水環境に適応するうちに大型化したのだろう。また、シロウリガイや熱水性のカニ・エビなどの化石が見られないということは、それらの熱水域への進出が遅かったためだろう。シロウリガイにおける共生系の発達が十分でなく（シロウリガイにはまだ消化管がある）、カニ・エビ類では共生が見られないことも、それらが熱水環境の新参者であることを示唆するようだ。

では、最古のチューブワームはどのくらい古いのだろう。実は、進化のビッグバンが起きたカンブリア紀の地層からチューブワームらしき化石が発見されている。しかし、これが熱水噴出やメタン湧出に関連していたかどうかは不明である。

また、この化石は、いわゆるチューブワーム（ベスティメンティフェラ）ではなく、ゴカイの仲間だという意見が主流である。しかし、この化石にもやはりパイライトが存在していた。「ゴカイ説」の意見によると、チューブ内で軟体部が腐敗して嫌気的環境が作られ、そこでパイライトが生成したという。しかし、この化石も小型で軟体部が小さく、嫌気的環境を形成するほどのバイオマスではなかったはずだ。一方、この化石がベスティメンティフェラだとすると、熱水由来のパイライトが沈着した、あるいは、イオウ酸化バクテリアによるパイライト生成が起こった、と考えられる。

いずれにせよ、ベスティメンティフェラとゴカイは近縁の生物なので、カンブリア紀の化石は両者の共通祖先だったのかもしれない。共通祖先のうちイオウ酸化バクテリアと関係を持ったものが共生スペシャリストとして進化し、やがて「チューブワーム」になったのだろう。

日本のチューブワームの化石

さらに日本でも一九九一年に化石チューブが見つかっている。場所は三浦半島（横須賀市池上）、一五〇〇万年前の地層からだ。この地層は葉山層群といって、かつては一〇〇〇メートル以深の深海底だった。それが隆起して現在の三浦半島となったのだ。

葉山層群の地層からはチューブワームとともにシロウリガイの化石も産出した。キヌタレガイという二枚貝の化石も大量に産出したが、キヌタレガイも共生バクテリアを持っていたと考えられている。したがって、葉山層群の化石生物群集は、熱水性あるいはメタン湧水性の生物群集だったと考えられる。

三浦半島では逗子（ずし）市の池子（いけご）地区からも化石シロウリガイが大量に発見されている（一九八六年）。ここは在日米軍用の住宅が建設されたところで、当時は「池子の森を守れ」という建設反対運動が盛んだった。結果的には「池子の森」を壊した上、米軍への「思いやり」として豪華な住宅が建設された。しかし、反対運動があったおかげで環境アセスメント調査が重要視され、その一環として、化石シロウリガイ群集が精力的に調査された。これによると、三浦半島の地質学的背景や化石を産出した地層の特徴などから、池子地区の化石シロウリガイ群集はメタン湧水性であることが確かになった。

チューブワームの化石が見つかった葉山層群の化石生物群集も、同じようにメタン湧水性と考えられている。では、かつての海底メタン湧出帯がどのようにして今の三浦半島になったのだろう。

深海から生まれた三浦半島

関東大地震（一九二三年）の震源は相模湾の海底だった。ここには相模トラフという海底谷、海底活断層帯がある。伊豆半島を挟んだ駿河湾の海底にも駿河トラフという海底谷がある。ここでは伊豆半島が「くさび」のように本州に突き刺さっている。正確にいうと、伊豆半島をのせたフィリピン海プレートがここで「くさび」状に沈み込んでいる。くさびの頭部に富士山や箱根などの火山があり、くさびの両側に相模・駿河の両トラフがあると考えればよい。

相模トラフ、すなわち沈み込み帯（トラフ）は今でこそ相模湾海底にあるが、昔（一五〇〇万年前）は今の三浦半島や房総半島の位置にあった。ここでフィリピン海プレートが沈み込むにつれ、海底の一部が相手プレートに押し付けられ少しずつたまっていく。これは付加体と呼ばれるが、三浦半島や房総半島はこの付加体でできている。

昔（一五〇〇万年前）、三浦半島の位置に沈み込みがあった頃、海底の断層に沿ってメタン湧水があったのだろう。メタンは硫酸還元に用いられ、硫化水素が生成した。そして、この硫化水素に依存してシロウリガイやチューブワームの群集が形成されたに違いない。同様なことが今の房総半島でも起きたと考えられるが、予想通り、房総半島からもシロウリガイ化石が発見されている。

その後、沈み込み帯（トラフ）は南へ移動し、三浦半島と房総半島は沈み込む側から持ち上げられる側に立場が変わった。一二〇〇万年前から始まったこの隆起は今でも続いており、三浦半島は毎年一ミリ、房総半島はそれ以上の速さで高くなっている。このままいくと一〇〇万年後には標高一〇〇〇メートルを超える山岳地帯になっているはずだ。

三浦半島のチューブワームにもパイライト

三浦半島の化石チューブは直径一〜三ミリの生管が密集し、ちょっと見た目には網目を作っているようだった。まさに「焼ソバ・チューブワーム」をそのまま押し固めたようなものだ。これに似た現生種は沖縄トラフに多いが、相模トラフでもよく見られる。

化石チューブといえば、先ほどからパイライトが話題になっている。三浦半島の化石チューブについてもパイライトの有無や分布を調べてみた。まず、生管の横断面（輪切り）が見えるように石を削り、面がツルツルになるまで磨く。すると、直径一〜三ミリの生管が浮かび上がってくる。この生管横断面を電子顕微鏡で観察するのだが、ただの電子顕微鏡ではない。X線マイクロアナライザーという特殊な電子顕微鏡だ。物質に高速電子を当てると元素ごとに特徴的なX線（特性X線）が発生するので、これを元素の定性・定量分析に用いる。この分析を点ではなく面として行なえば、元素の分布を見ることができる。これを元素マッピングという。

三浦半島の化石チューブの横断面について元素分析を行なったところ、生管にはイオウが集積し、軟体部があったところにはイオウと鉄が分布していた。イオウと鉄の共分布はパイライトの存在を示唆する。熱水噴出孔でもないのにパイライトがあるとしたら、それはイオウ酸化バクテリアの働きだと考えたくなる。

もし、パイライトの生成や沈着が非生物的だとしたら、生管にもイオウと鉄が共分布するはずだ。それが軟体部に限って共分布することは、やはり軟体部の共生バクテリアの働きを示しているのではないだろうか。

石灰岩とチューブワーム

三浦半島でチューブワームやシロウリガイの化石が発見された地層はいずれも石灰質だった。房総半島の化石シロウリガイもやはり石灰質の地層から発見された。どうもメタン湧水性の生物群集は石灰岩の生成に関係があるらしい。

メタン湧水帯では底泥中でメタンを用いた硫酸還元（＝硫化水素生成）が起きていると考えられている。このときメタンは酸化されて二酸化炭素（正確には重炭酸）になるが、これが海水中のカルシウムと結合して炭酸カルシウム、すなわち石灰岩が生成されるのだろう。

事実、メタン湧水性の生物群集の化石はカナダやアメリカでも報告されているが、いずれも石灰質の地層から発見されている。このような場所の石灰岩をよく調べると、やはりパイライトがある。微小なパイライト粒がブドウの房のように存在する様子は、あたかも、バクテリアが核となってパイライトが生成・成長したようだ。

三浦半島の化石群集の現代版は相模湾の「初島沖」海底にあるが、ここでも海底直下で石灰岩が作られている。そして、チューブワームの多くは石灰岩にくっついて生息している。場合によっては、チューブワームがくっついた上からさらに石灰化が進み、チューブワームが石灰岩に埋め込まれている。これはまさに現在進行形の化石化プロセスといえよう。

一五〇〇万年の時を越えて

次ページ表に三種の石灰岩の化学組成を示す。三種とは、初島沖海底の石灰岩、三浦半島の化石チューブが発見された石灰岩、そして、そのすぐ近くだが化石チューブのなかった石灰岩である。次ページ表のどれとどれの石灰岩が似ているだろうか。

答えはA、B、Cの順で、三浦半島チューブワームなし、三浦半島チューブワームあり、初島沖、である。答えを知らずに表2を見ても、BとCがほとんど同じだと思うだろう。実際、BとCの数字をそっくり入れ替えてもほとんどわからないだろう。ともにマグネシウム含量の多いhigh-Mgカルサイトという石灰岩だ。一方、時間・空間的にずっと近いAとBは全く違った化学組成だ。

三浦半島で1500万年前に作られた石灰岩と相模湾の海底で現在作られている石灰岩の化学組成の比較

化学種	石灰岩A	石灰岩B	石灰岩C
$CaCO_3$	66.6	38.7	39.3
Fe_2O_3	28.4	4.6	5.1
TiO_2	1.9	0.4	0.5
K_2O	1.4	1.0	1.0
$SrCO_3$	1.0	0.1	0.1
MnO	0.4	0.1	0.1
V_2O_5	0.1	<0.1	<0.1
Ag_2O	0.1	検出されず	検出されず
SO_3	<0.1	1.5	1.6
ZrO_2	検出されず	<0.1	<0.1
SiO_2	検出されず	28.7	28.0
$MgCO_3$	検出されず	14.8	14.5
Al_2O_3	検出されず	10.0	9.7

一五〇〇万年前と現在。三浦半島と初島沖の石灰岩は、一五〇〇万年という時間を感じさせないほどよく似ている。一方、隣り合った石灰岩でも、つまり時空間的に近い石灰岩でも、チューブワームがいるのといないのでは化学組成がずいぶん異なる。チューブワームの有無は、石灰岩生成に関するプロセスの違いを反映しているのだろう。

チューブワームの有無、すなわち石灰岩生成プロセスに関する大きな要因は、メタンを用いた硫酸還元（メタンの嫌気的酸化）の有無あるいは強弱だろう。メタンを用いた硫酸還元というプロセスがあることは地球化学や生態学の立場からは認められている。さらに最近では、high-Mgカルサイトの生成に硫酸還元菌が関与しているという報告もある。

メタンを用いた硫酸還元というプロセスを行なう微生物、あるいはhigh-Mgカルサイトを生成する硫酸還元菌はまだ純粋培養されていないので、微生物学的には認められていない。しかし、近い将来にその存在が証明されることだろう。その日にこそ一五〇〇万年の時を越える扉が開かれる。

初島沖で見たチューブワームの謎

初島沖のメタン湧水系にはチューブワームが生息する。メタンを用いた硫酸還元で硫化水素が生成し、それがチューブワーム体内の化学合成（イオウ酸化）のエネルギー源となる。

当然のように思えるが、しかし、とても不思議なことがある。

初島沖海底の海水にはメタンが充満している。一方、硫化水素は底泥中にのみ存在し、海水中には検出できない。しかし、チューブワームの赤い花びら（エラ：硫化水素キャッチ器官）は海水中に開いている。化学分析で検出できないごく微量の硫化水素でもちゃんとキャッチできるのだろうか。そんな少量の硫化水素で生活していけるのだろうか。この問題は欧米の研究者の間でも話題になったことがあるが、たぶん生管の後端から底泥中の硫化水素を取り込んでいるのだろう、ということで一応納得しているようだ。でも、生管後端の小さな孔から硫化水素がどのくらい入ってくるのだろうか。少なくとも、そこには能動的な取り込み器官はない。

ひょっとしたら、初島沖のチューブワームは自分の体内で硫化水素を作っているのではないだろうか。底泥の中で起きていること（メタンを用いた硫酸還元）がチューブワームの体内でも起きているのではないだろうか。チューブワームの赤い花びらは硫化水素ではなくメタンを取り込む器官で、チューブワーム体内では硫化水素の生成と酸化が並行しているのではないだろうか、と。

複数種の共生微生物

もし、この「硫化水素体内生成説」が正しければ、チューブワームの共生バクテリアは硫化水素の生成と酸化を一人二役で行なうことになる。チューブワームの共生バクテリアは単一種からなるというのが一般的な認識だからだ。しかし、硫化水素の生成と酸化という、およそ正反対のプロセスを一人二役でこなせるような微生物がいるだろうか、それを許す条件がチューブワーム体内にあるだろうか。

ここはむしろ、一人二役というよりも、複数の微生物が共存していると考えたほうが自然なのではないだろうか。メタンを用いて硫酸還元（＝硫化水素生成）するものと硫化水素を酸化するものの、少なくとも二種類からなる微生物共同体を想定してもいいのではないだろうか。

チューブワーム体内に複数種の微生物が存在することは以前にも指摘されていた。しかし、それは顕微鏡観察にもとづく意見で、いろいろな形の微生物が見られるという指摘だった。微生物の世界では、同じ種類でも生理条件などによって形態が大きく変化すること、いわゆる多形性が知られている。チューブワーム体内で形態的に複数種が見られるとしても、それは単一種の多形性だと説明されてきた。

チューブワームの共生微生物は単一種のイオウ酸化バクテリア、というのが従来の一般的見解である。いわば一夫一婦制のようなものだ。単一種の多形性などは、この見解に沿った説明、というか、この見解を弁護するための説明のようである。しかし、単一種説にあまりこだわらず、場合によっては複数種の共生微生物を持つような、浮気っぽいチューブワームがいたっていいじゃないか、とも思う。

新しいチューブワーム像（試論）

初島沖のチューブワームは複数の共生微生物を持っているかもしれない。それも硫化水素の生成と酸化という相反するプロセスを行なうための微生物共同体として。

私たちの研究により、チューブワーム体内に第三の微生物の存在が示された。アルコバクターという微生物の遺伝子がチューブワームの体内から見つかったのだ。アルコバクターはふつうは動物の口や消化管にいるはずだが、これが口も消化管もないチューブワームに見つかったのは面白い。アルコバクターは酸素濃度に敏感で、酸素がなくてもありすぎても生育できないという微好気性である。逆にいうと、アルコバクターは適当な微好気的な環境を自ら作りだすために、チューブワーム体内で酸素濃度勾配を形成しているかもしれない。

硫化水素の生成と酸化が相反する最大のポイントは酸素濃度である。硫化水素の生成は嫌気的（無酸素的）だが、硫化水素の酸化は好気的である。この相反するプロセスがチューブワーム体内でいかにして共存し得るかが議論のポイントだった。いや、人間の議論以上に、チューブワームにとっては死活問題だ。

アルコバクターの登場により、この問題解決の糸口が見えた。アルコバクターがいるということは、そこに微好気的な環境があるということだ。おそらく、チューブワーム体内に酸素濃度の勾配があり、部分的に微好気的条件ができているのだろう。酸素濃度の勾配は、嫌気・好気性の微生物の「住み分け」を可能にする。こうして、硫化水素の生成と酸化という相反するプロセスが共存し得るのだろう。

熱水性微生物のイプシロン・グループ

アルコバクターはちょっと変わった微生物だ。アルコバクターの多くは動物の口や消化管に生息し、微好気性でイオウの酸化・還元に関与する。近縁菌にピロリ菌（*Helicobacter pylori*）がいるが、これは胃潰瘍の原因菌だ。また、カンピロバクターも近縁菌だが、これは腸炎の原因菌である。アルコバクターも胃腸系の病気を起こすかもしれないが、胃も腸もないチューブワームには何ともないのだろうか。

微生物分類学によると、アルコバクターやヘリコバクター、カンピロバクターはいずれもプロテオバクテリアのイプシロン・グループに分類される。イプシロンとはギリシア文字の五番目の文字で、プロテオバクテリアという大グループの五番目の小グループという意味である。

ところで、このイプシロン・グループ、一九九五年あたりから急に熱水関係者の注目を集めている。それは、アルビネラという熱水性ゴカイの体表に付着するバクテリアのうち約七〇パーセントがイプシロン・グループだった、リミカリスという熱水性エビでは体表バクテリアのほとんどがイプシロン・グループだった、熱水チムニーのバクテリア・マットもほとんどがイプシロン・グループだった、という報告が相次いだためである。

面白いことに、地下六〇〇メートルの油田から採取した微生物群集でもやはりイプシロン・グループが優占している。油田はしばしば高温・高圧になり、深海熱水噴出孔と類似した環境を呈する。ここにもやはりイプシロン・グループが多いとなると、これは何かあると思わざるをえない。

イプシロン・グループは最近になって注目されるようになってきた、いわば熱水微生物学のニューフェースである。イプシロン・グループの生態的役割や生理的な特性はまだよくわかっていないが、今後の熱水微生物学の重要な研究テーマになることは間違いない。

スーパー・チューブワーム

初島沖のチューブワームにもイプシロン・グループ（アルコバクター）がいた。では、今までチューブワームの共生微生物はイオウ酸化バクテリアの単一種だと考えられていたのはなぜだろう。

単一種説を支持する研究のほとんどは熱水噴出孔のチューブワームを扱ったものばかりだ。察するに、それらの熱水環境では海水中に十分な硫化水素が存在するので、チューブワームは素直に硫化水素を取り込んで酸化すれば事が足りるのだろう。

一方、メタン湧出帯では硫化水素は底泥中に限られ、海水中では不足している。したがって、そこに生息するチューブワームは体内で硫化水素を生成する必要に迫られ、複数種の微生物からなる微生物共同体を持っているのだろう。硫化水素を生成する微生物、それを酸化する微生物、その相反するプロセスの仲介に関わる微生物。このような微生物の共同体を持つことで、チューブワームはメタン湧水帯に進出できたのだろう。「イオウさえあれば」から「イオウかメタンさえあれば」への進化である。スーパー・チューブワームの誕生だ。

硫化水素の生成はメタンを用いた硫酸還元、換言すると嫌気的なメタン酸化の結果である。したがって、この微生物共同体ではメタン酸化とイオウ酸化が共存することになる。

以前、チューブワームの共生微生物がイオウだけでなくメタンも酸化させることが報告されたが、これはあまり研究者の関心を引かなかった。

一九九五年、熱水性の二枚貝（シンカイヒバリガイの類）からイオウ酸化バクテリアとメタン酸化バクテリアの遺伝子が検出された。この二種のバクテリアが共生しているかどうかはまだわからない。しかし、同じことがチューブワームで報告される日も遠くないだろう。

終章

チューブワームは時空を越えて

...lukewarm, and neither cold nor hot...　半端ものは、熱くもなく冷たくもなく
（『新約聖書』「黙示録」より）

Tubeworm, and either hot or cold.　チューブワームは、熱くても冷たくても。

地球生命史の語り部

初島沖と三浦半島、距離は五〇キロ程度だが一五〇〇万年の隔たりがある。時間を越えて、同じようなメタン湧水系があり、同じような生物群集が形成され、同じようなチューブワームが生息している。

今まで、「イオウかメタンさえあれば」という思いで、チューブワームの空間的な分布を調べてきた。しかし、化石チューブを右手に、現生チューブワームを左手にしたとき、一五〇〇万年という時間が、実感として胸に迫ってきた。このチューブワームたち、一五〇〇万年の間ずっと、ここで生きてきたのだ。

一億年前のチューブワーム、三億五〇〇〇万年前のチューブワームのどれもが生命を持った実体として甦(よみがえ)ってきた。六億年前の進化のビッグバンで生まれたチューブワームの祖先がイオウ酸化バクテリアと共生関係を結ぶ様子が想像できた。

そのイオウ酸化バクテリアの祖先は、硫化水素と硫化鉄からパイライトを生成する地球最初の生物だったかもしれない。チューブワームとその共生バクテリアは生命の歴史を生き抜いた語り部だ。やがて、メタン酸化バクテリアをも取り込んで、スーパー・チューブワームへ進化する。

地球生命史の語り部として宇宙へ飛び立ち、生命の連環を広げていくチューブワーム。太陽光がなくても「イオウかメタンさえあれば」、共生微生物との共同作業でやっていける。地球から飛び出して、宇宙へ広がっていくスーパー・チューブワーム。

化石を手にした私は、そんな白昼夢を見ていた。

地球外の熱水活動

地球の外に生命があるとしたら、それは「イオウさえあれば」の生命なのだろうか？

一九七九年、木星の第一衛星イオで火山噴火が観察された。ボイジャー一号から送信されたイオの写真に、高度三〇〇キロまで立ち上る噴煙がはっきりと写っていた。地球以外の天体で初めての決定的瞬間だった。イオには今までに少なくとも九個の活火山が発見されている。また、イオの表面には摂氏二〇〇度以上のホット・スポットがある。

イオの火山活動が活発なのは、木星とその第二衛星エウロパや第三衛星ガニメデ（太陽系で最大の衛星）などによる潮汐力が大きいからだ。地球に対する月の潮汐力は大きく、地球は一メートルほど変形させられる。しかし、イオが受ける潮汐力はさらに大きく、イオは一〇〇メートルも変形させられている。

この巨大な潮汐力で、イオの内部は激しくかき回され熱せられる。イオの火山活動が活発なのはこのためだ。同じことが、イオの一〇分の一程度の規模で、第二衛星エウロパにも起きている。

エウロパの表面は厚さ五キロの氷で覆われている。氷の表面には無数の亀裂が走り、潮汐力の作用を見てとれる。潮汐力はエウロパの内部にもおよび、イオ同様、火山活動を起こす源になっている。したがって、内部に近づくほど熱くなり、氷が溶けて液体の水が存在すると考えられる。ある試算によると、厚さ五キロの氷殻の下には深さ五〇キロにおよぶ「海」があると考えられている。

エウロパの海にも海底火山や熱水噴出孔があることだろう。そして、そこにはエウロパ産のチューブワームがいるのだろうか？

クラークが予言したエウロパの熱水生物群

イオに火山活動が発見されたのは一九七九年三月。同じ頃、地球では本格的な海底熱水活動の現場が初めて発見されていた（東太平洋海膨）。イオの火山と地球の熱水活動が同時に発見されたとは、ちょっとできすぎた話だが本当だ。

『二〇〇一年宇宙の旅』で有名なSFの巨匠アーサー・C・クラークは、イオの火山の発見と海底熱水の発見における共時性（シンクロニシティー）に啓示を受け、エウロパの海底に熱水活動があり、それに依存した生態系が進化していると想像した。続編にあたる『二〇一〇年宇宙の旅』では、わざわざ「海底の火」という一章をさいてエウロパの熱水生物群集を描いている。また、続々編にあたる『二〇六一年宇宙の旅』でも「火と氷」という一章を設けている。

しかし、クラークは、熱水依存性の生物では大した進化はできない、エウロパで知能生物が進化するには光合成を行なわせなければならない、と考えた。

しかし、エウロパに達する太陽光は地球へ届く光の四パーセント足らず、厚い氷の下ではとても光合成を行なえないだろう。そこでクラークは木星の太陽化を考えた。木星は第二の太陽ルシファーとなり、エウロパは生物進化の実験室になった。

クラークの場合、事実がフィクションを真似しているようだ。例えばアポロ一三号の“We've got a problem.”は『二〇〇一年宇宙の旅』でコンピューターＨＡＬが言う“we have a problem.”だ。エウロパの海底熱水活動とそれに依存した生物群集も、クラークの言葉通りに存在するのだろうか。

イオウもあればメタンもある

イオやエウロパを率いるのはジュピター（木星）だ。以前から「木星の大気はメタンとアンモニアからできていて、激しい嵐と雷放電により複雑な有機物ができているかもしれない。ひょっとしたら生命が存在するかもしれない」といわれていた。

一九九五年一二月、「ガリレオ」という探査機が木星に最接近した。探査機から観測装置（プローブ）が投下され木星大気圏に突入し、約一時間にわたって大気データが送信された。分析結果の速報によると、木星の大気には硫化水素アンモニウムの雲があった。

ガリレオ・プローブが遭遇した木星嵐は予想を超えるものだった。秒速一五〇メートルという暴風が吹き荒れていたのだ。この嵐は大気の上層でも下層でもほぼ一定で、木星嵐のエネルギー源は木星内部から放出される熱だと考えられた。木星の中は熱いのだ。

一九九四年七月、シューメーカー・レビー彗星の木星衝突という一大イベントで、木星大気に関する知見が大いに増した。そのひとつは木星大気の下層に水と酸素が存在する可能性だった。木星にあるもの。硫化水素アンモニウム、水、酸素、熱。「イオウさえあれば」のチューブワームには十分なメニューだ。

土星の第六衛星タイタン（太陽系で二番目に大きい衛星）の大気にはメタンが多い。エタンや青酸などもある。表面温度は摂氏マイナス一七八度、液化したエタンの川や湖があると考えられる。「メタンさえあれば」はこの酷寒の地でも通用するのだろうか。

彗星からも情報が入ってきた。一九九六年三月二五日に地球に最接近した百武彗星にエタンとメタン、一酸化炭素、水が発見されたのだ。その存在比（モル比）は約一：二：一五：二五〇。今まで彗星にエタンが存在するとは誰も思っていなかっただけに、この発見は彗星の形成過程に再考をせまる。と同時に、生命の可能性がまた広がったことにもなる。

火星にも熱水活動

一九七六年、米国のバイキング一号、二号が相次いで火星に着陸し、生命の可能性を求めてさまざまな実験を行なった。この実験では生命の存在は確認できなかったが、それでも、この計画により火星の大気や地質に関する知見が一挙に増大した。

火星に関するいろいろな情報を総合すると、火星大気にはもっと多くの二酸化炭素があっていいはずだそうだ。火星の二酸化炭素はどこにいってしまったのか、今まで大きな謎であった。実は地球でも、温室効果や温暖化との関連で二酸化炭素の来し方行く末が調査されているのだが、いまだに年間三〇億トン以上もの二酸化炭素が行方不明で問題になっている。

同じようなことが火星の惑星史でも問題になっているのだ。

火星の二酸化炭素問題のほうについては、一九九五年にある仮説が発表されて話題になった。それは、火星にもかつて熱水活動があり熱水性の炭酸塩岩石が形成された、火星の二酸化炭素の多くはその炭酸塩岩石に閉じ込められたのだ、という仮説である。将来、火星に炭酸塩鉱床が発見されたら、それは、火星にも熱水活動があったことの証明になるかもしれない。

地球以外の天体における熱水活動、それは地球以外の天体における生命の可能性を示すものである。今までわれわれは生命といえば太陽の恩恵の賜物と思ってきたが、宇宙規模で考えると、太陽の恩恵とは無関係の生命のほうが実はふつうなのかもしれない。火星の二酸化炭素問題にそのヒントが隠されていたのである。

地球生命史の地下水脈

パイライトという「マジック・サーフェース」で誕生した地球生命。それは原始の熱水噴出孔で生まれた最初の生物、イオウ酸化バクテリアだった。地球生命の幕開けは太陽光と無縁だったのだ。しかし、熱水噴出孔を見つけるための赤外線センサーは、太陽光を利用することにつながり、生物は光合成への道を辿りはじめた。

光合成により大量の酸素が放出され、生物はやがて酸素呼吸を覚えた。酸素呼吸は莫大な代謝エネルギーを生みだし、それが「生物進化のビッグバン」の原動力ともなった。チューブワームの祖先もこのときに生まれた。他の動物と異なり、チューブワームの祖先は「食う・食われる」の連鎖から脱出して、バクテリアと「共に生きる」道を選んだ。光合成起点の食物連鎖からの逸脱は「太陽に背を向ける」に等しかった。

つまり、地熱の恵みで誕生した地球生命はチューブワームとなって地球からの恵みに回帰したのだ。以来、チューブワームは海底深く静かに地球史を生き抜いてきた。地球生命史の地下水脈のように。そして、宇宙生命史の開拓者としての役割も今期待されている。

チューブワームよ、ありがとう

チューブワームという不思議な深海生物の生き様は、われわれに生命の多様性と連続性を、宇宙における生命の可能性を、教えてくれる。生命の悠久の歴史を生き抜いたチューブワーム、人知れぬ深海の暗闇でひっそりとイオウやメタンを探し求めるチューブワームにこそ、生命の不思議を解く鍵が隠されていたのだ。

チューブワームは見ためがグロテスクだし、イオウ臭くて触るのも好ましいものではない。しかし、深海で健気に生きるチューブワームをだんだん知るにつれ、私は自分という存在について考えさせられ、学ばされた。自分という存在は、生命四〇億年の歴史に、そして、地球というかけがえのない空間の中に生かされているのだ。これを実感させてくれたチューブワームに「ありがとう!」といいたい。

付章

深海へのあくなき挑戦の物語

神話の海

神話の世界では海は原初にして根源である。海は全てを生みだし、全てを呑み込む、あらゆる矛盾が一に帰すところ。海は論理を超えた根源的存在。そして、この根源の海と人間の関係はおそらく超現実的な感覚的関係でしかあり得ないだろう。「彼は自らすすんで犠牲（いけにえ）になり、偉大な生命の母胎へ、喜々として捉えられて行った」（アーサー・C・クラーク『海底牧場』高橋泰邦訳）というように。

人間と海の原初的関係は、根源の海に身をまかせる奇妙な平衡感、つまり絶対的安心をもたらす子宮回帰感と底なしの暗黒に呑み込まれる恐怖感の危うい平衡の上にのみ成立する。われわれ現代人はこの矛盾した平衡感を失った、と同時に海との原初的関係も失ってしまった。しかし、これがまだ残っているところもある。

現代に生きる海人、オセアニアの人々の子育ては印象的だ。子供たちはまるで芝生の上をころがるように海とたわむれる。母親が子供をあやすとき、

水に浮かびなさい／私のかいなに抱かれて／小さな海の中で
大きな海の中で／外海に通じる水道の海で／荒れ狂う海で

静かななぎの海で／この海で

と歌う。そして、海に放り出す。「海自体を子供たちの肉体と化する」のだ。根源の海に身をまかせる奇妙な平衡感を体得させるのだ。

（秋道智彌『海人の民族学』より）

人間は陸上動物として発生し進化した。しかし人間の一部は今再び海へ分け入ろうとしている。海へ回帰する新たな時代を前に、われわれは海と人間の根源的関係を再構築しなくていいのだろうか。海への畏怖も恐怖もない者を、海はあたたかく迎えてくれるだろうか。

人はいつから潜りはじめたのか

人間はいつから海に潜るようになったのだろう。少なくとも、人間と海との関わりは航海からではなく、潜水から始まった。人間は、初めは漁師ではなく、海中ハンターだった。ギリシアでは有史以前から海綿（スポンジ）採集の潜水が行なわれていた。紀元前五〇〇年頃には羊腸を送気管に使ったというが、これは不首尾だったろう。古代メソポタミアの英雄ギルガメッシュは不老不死の薬草を求めて潜水したという。

日本では、三世紀の『魏志倭人伝』に「好く魚あわびを捕り、水の深浅なくみな沈み没してこれをとる」「今、倭の水人は好く沈み没して魚蛤を捕る」とある。また、そのはるか昔、縄文時代の遺跡からは耳腫のある人頭骨が見つかっているが、耳腫は潜水者に多いらしい。ちなみに深海研究のメッカである独立行政法人海洋研究開発機構（JAMSTEC）の本部は横須賀市にある。日本最古の縄文貝塚、約一万年前の「夏島貝塚」の隣に置かれている。

日本の海女（あま）は伝統的かつ世界的に有名な職業潜水者であり、男に引けをとらない、いや男にも優る仕事振りは、ジャック・イブ・クストーをして「こと海に関するかぎり、日本の婦人は世界でもっとも解放された女性だろう」といわしめている。テングサやアワビ、サザエ、真珠貝などを採取し、働き手になるとひと夏で今の感覚でいえば数百万円分も稼いだという。海女の楽しみのひとつに新鮮なアワビをその場で食べる贅沢（ぜいたく）がある。アワビの肉を海水ですすいでパクッと食べる、このようなシンプルな食べ方を「かつぎ料理」というそうだ。〝かつぎ〟とは「頭を水につける、衣に通す」ひいては「潜水する」の意味の古語〝かづき〟の転訛（てんか）だろう。

生身でどこまで潜れるか

素潜りには時間と水深の限界がある。この生物学的限界を超えるため、昔からいろいろな潜水装置が考案・使用（試用）されてきた。まず、時間つまり呼吸の問題はシュノーケルや通気管で解決できると思われた。西暦一五〇〇年のレオナルド・ダ・ビンチでさえ、このアイデアをスケッチに残したほどである。

しかし、シュノーケルはちょっと深くなっただけで使えなくなる。人間の肺と胸部筋肉の力はそれほど強くないからだ。シュノーケルが使えるのは水面下わずか三〇センチである。一メートル以深ではほとんど呼吸できない。二メートルを超すと息を一回吸ってそれでおしまいだ。

潜水時間は呼吸の問題だったが、呼吸は水圧（水深）の問題だ。要は呼吸する空気圧が周囲の水圧と同じか否かだ。こうして、高圧給気法や高圧空気ボンベ（アクアラング）、給気圧レギュレーター等が開発・改良され、人間の海中活動範囲は時間・空間的に広がった。スクーバダイビングの時代だ。

しかし、新たな問題が現われた。「窒素酔い」である。給気にふつうの空気（窒素八〇パーセント）を使うと、例えば水深四〇メートル、つまり五気圧（大気圧プラス水圧）では窒素分圧が四気圧になり、高窒素分圧症、いわゆる窒素酔いが起きて思考力低下や多幸感をもたらす。これを防ぐために五〇メートル以深に潜るときはヘリウム・酸素の人工空気を使う。それでも、酸素分圧の設定を誤ったり、急に減圧するとやはり障害がでる。

今では飽和潜水といって、あらかじめ船上の加圧室で潜水予定深度の水圧とそれに合わせた人工空気に体を慣らし、水中エレベーターで海底居住区に降りて数日間の海中作業を行ない、船上の減圧室で時間をかけて大気圧まで戻す方法も開発されている。この方法だと今のところ最大七〇〇メートル程度まで生身の人間が潜れるそうだ。

大気圧潜水

しかし、生身の潜水には制約が多い。やはり大気圧潜水のほうが楽だし、加圧・減圧にともなうリスクもない。そこで、古くから耐圧・水密の容れ物の中に入って潜る方法が考えられた。紀元前四世紀、アレキサンダー大王が丈夫なガラス樽に入って海底に降りると、通り過ぎるのに三日もかかるような巨大な魚が見えたという話なども伝わっている。

大気圧潜水のアイデアは古いのに、実用化は難しかった。やはり耐圧性や水密性が問題だったのだろう。おまけに初期の発明家たちは圧力を甘く考えていた。せっかく丈夫な容れ物を設計しても、水中作業がしやすいようにとわざわざ腕を出す穴を開けるのだから。一部とはいえ人体を圧力にさらしては大気圧潜水は成り立たない。

やはり人間は欲望に動かされる動物である。水中考古学といえば聞こえはいいが、その多くが沈没船の財宝探しだったことは否めない。この欲望が大きな推進力となって、潜水用の「丈夫な容れ物」は大きく二方向に発達した。スーツ化と潜水船化である。まずスーツ化だが、これはモビルスーツ（機動戦士ガンダムのようなもの）の海中版で、実際にダイビングスーツと呼ばれている。初期のダイビングスーツは不格好で機動性も悪く、エビ並みの不器用さで人間エビといわれた。現在でも事情はあまり変わらないが、軽量化・器用化が進み、一人乗り潜水船の究極の形ともいえる。

ダイビングスーツは海洋研究にも役立っている。マリンスノーという海中懸濁物は壊れやすく採集が難しい。現場観察がいちばんよいのだが、それならダイビングスーツの出番だ。マリンスノーを研究する女性科学者はダイビングスーツに身を包んで水深一〇〇メートルを越えて潜っていった。現在は七〇〇メートル級のダイビングスーツもあるらしい。

深海潜水船への道

潜水船への道も財宝探しが推し進めたようなものだ。一九三一年、水深一二〇メートルの沈没船からの金塊揚収（ようしゅう）に円筒形の潜水チャンバーが使われた。海底から揚収作業に必要な指示を与えたのだ。その甲斐あってか、金塊の九五パーセントが回収された。

同じ頃、アメリカのウィリアム・ビービー博士は深海潜水球「バチスフェア」を作り、水深九二五メートルまで降りた。同乗したバートン氏は後に別の潜水球「ベントスコープ」で水深一三八四メートルまで降りている。これらの潜水球は母船から鋼鉄ケーブルによって上げ下ろしされ、自分では動けなかった。

自走型といえば、自走型潜水艇の第一号はアメリカの独立戦争で実際に使われたという手回しスクリュー式の「タートル」だろう。やはり技術の進歩とは、欲望に衝き動かされ、戦争で発展するものなのだろうか。アレキサンダー大王も大魚見物のために海底に降りたわけではない。潜水兵士の働きを監督するためだったという。

潜水球の上げ下ろしに鋼鉄ケーブルを使っていたのでは大深度への潜水は困難になる。そこで、推力こそ持たないが、自分で下降・浮上できるような深海潜水船が設計された。スイス人のオーギュスト・ピカール博士は、水よりも軽くしかも水圧で潰れない浮力材としてガソリンを用いることを考えた。

最初に実現したのは「FNRSII」といい、一五二四メートルまでの無人潜水試験が行なわれた。次に「FNRSIII」がフランス海軍で建造され、軍関係の二名が四〇五〇メートルまで潜水した。

オーギュスト・ピカール博士はその後イタリアで六〇〇〇メートル級の潜水船「トリエステ」を建造しはじめた。これが改造されて後に世界最深部に到達することになる。

地球最深部への挑戦

近代海洋学の幕を開けたのは一八七二〜一八七六年の「チャレンジャー」世界一周航海で

ある。「チャレンジャー」とはイギリスの調査船「チャレンジャー六世」のことで、数々の重要な発見・観測の行なわれたこの大航海は海洋学の金字塔である（西村三郎『チャレンジャー号探検』）。

この「チャレンジャー六世」の孫にあたる「チャレンジャー八世」も輝かしい成果を挙げた。一九五一年六月、マリアナ海溝に世界最深の水深一万八六三メートル地点（チャレンジャー海淵）を発見し、同時に海底泥採取の世界最深記録を作ったのだ。それまでの最深記録はマリアナ海溝で日本の軍艦「満州」が測深した九八一八メートルだった。

しかし、この測深記録は一九五七年、当時ソ連の調査船「ビチャージ」が塗りかえる。チャレンジャー海淵のすぐ近くで水深約一万一〇三四メートルを測深したのだ（ビチャージ海淵）。もちろん、この報告の後ただちに、測位や測深の精度をめぐって「チャレンジャー海淵対ビチャージ海淵」の最深論争が起きた。その決着をつけたのは海上保安庁水路部の測量船「拓洋」である。

一九八四年二月の「拓洋」の測深によると世界最深部はチャレンジャー海淵にあり、その水深一万九二四メートル（誤差一〇メートル）とのこと。現在までこれが世界最深地点となっていて、ギネスブックにもそう書いてある。なお、この記録は一九九五年に日本の無人探査機「かいこう」によって一万九一一メートルであることが確認された。

なお、超一万メートル級の海溝はマリアナ海溝、フィリピン海溝、トンガ海溝、ケルマディック海溝の四つだけで、いずれも環太平洋にある。

宇宙と深海、二つの競争

ところで一九五七年といえば、ソ連が世界初の人工衛星スプートニク一号の打ち上げに成功した年である。アメリカはこの成功にひどく動揺し「スプートニク・ショック」とさえいわれたほどである。翌年、アメリカは国家の威信回復をかけてエクスプローラー一号を打ち上げた。

しかし、今度はソ連が威信回復を果たす番だった。一九六一年四月一二日、史上初の宇宙飛行士ユーリー・ガガーリンを乗せたボストーク一号が地球をまわった。人類初の宇宙飛行士は「地球は青かった」と伝えた。アメリカも負けじと、五月五日にアラン・シェパードを弾道軌道に乗せ（マーキュリー三号）、翌一九六二年にはジョン・グレンを地球周回軌道に乗せた（フレンドシップ・セブン）。

競争はまだ続く。ソ連は一九六三年、初の女性宇宙飛行士バレンチナ・テレシコワをボストーク六号に起用し「私はカモメ」の名言を得た。アメリカが宇宙に女性を連れていったのは一九八三年になってからで、スペースシャトル（チャレンジャー号）でのことだ。このときの名言「まるで（ディズニーランドの）Eチケットの気分よ」とはいかにもアメリカ女性らしい。

このように一九五〇～六〇年代は米ソの宇宙開発競争が激しく、一九六九年の月面着陸以降も余勢があった。この一方、宇宙競争の陰で人知れず、地球最深部への挑戦も静かに火花を散らしていた。

深海底への到達レース

ソ連の調査船「ビチャージ」による世界最深部の発見（ビチャージ海淵、一九五七年）は同年の「スプートニク・ショック」と同様、アメリカには威信失墜だったかもしれない。深海で失った威信を回復するため、アメリカは直ちに、イタリアで建造中だった深海潜水船「トリエステ」を購入、海軍がこれを改良して「トリエステ」を完成させた（海底での自走能力はない）。

そして一九六〇年、「トリエステ」は世界で初めて世界最深のマリアナ海溝底に到達した。最大潜水深度は一万九一二メートル（補正値）、これは人類が到達した最深記録で、いまだに破られていない。乗っていたのは米海軍大佐と「トリエステ」の生みの親であるピカール博士（当時三八歳）。ピカール博士といえば気球の冒険家や潜水船の設計者を思い出されるかもしれないが、これは父（オーギュスト）。「トリエステ」に乗ったのは息子のジャック・ピカール博士だ。気球冒険から深海探検までとは、何と壮大な夢と行動の父子なのか。

さて、アメリカがこんなにも迅速に行動したのは、ソ連が測深記録を樹立した（と思われた）こと、そして、当時フランスが超一万メートル級の深海潜水船「アルシメード」を建造していたことに対する国威発揚の気持ちが強かったためと思われる。「スプートニク・ショック」や「ビチャージ・ショック」はもうこりごりだったのだろう。なお、フランスの「アルシメード」は一九六二年に千島海溝で九五四五メートルまで潜航している。

水産国日本の深海への挑戦

当時の地球最深部への挑戦は冒険的で、記録のための挑戦のようだった。科学的な調査・観察に主眼を置いた潜航はむしろ少なく、軍事目的や資源探査など国益に直結する潜航のほうが重要だったことも否めない。

その点、日本は調査・観察が主流だといえるかもしれない。例えば、北海道大学水産学部グループは戦後の復興期にいちはやく潜水調査船「くろしお」の建造を計画したが、そこで「海中の実験室（＝潜水船）とは、人間の目と頭脳を海の中に入れる装置である」「水産を科学的に研究するには水の中に潜る機械を持たなくては」と述べている。水産国日本ならではの認識だ。

「くろしお」といえば、〝マリンスノー〟という美しい用語ができたのは「くろしお」の潜航調査からだ。一九五二年のこと、静かに降り行く〝海雪〟を見て、これを海中懸濁物といってはあまりにも味気ない、と当時北海道大学の鈴木昇教授が命名したのだ。以来、マリンスノーという用語は世界的に使われている。

日本はまた地震国でもある。日本周辺の巨大地震はいずれも海溝域で起きている。したがって、地震のメカニズムを解明し予知に役立てるためには、海溝底で何が起きているかを実際に目で見て確かめなければ、と考えるのは当然だろう。

一九七三年に話題になった『日本沈没』（小松左京）では、深海潜水艇「わだつみ」が伊豆／小笠原海溝（作品中では日本海溝）の水深八〇〇〇メートルで海底異変を発見し、それが契機となって政府は日本沈没の可能性を調査するD—1計画、国民の生命と財産を守るためのD—2計画を立てる、という設定だ。

「しんかい」の登場

『日本沈没』の頃、現実にはプロトタイプの深海調査船「しんかい」が活躍していた。しかし、最大潜航深度は六〇〇メートル、「わだつみ」にはまだはるかにおよばない。

一九八一年、「しんかい二〇〇〇」の運航が始まる。まだ「わだつみ」にはおよばないが、最大潜航深度は名前の通り二〇〇〇メートル。「しんかい二〇〇〇」の潜航回数は現在まで八八三回を超えている（一九九六年八月一日現在）。もちろん無事故だ。

そして一九八九年、「しんかい」シリーズの横綱「しんかい六五〇〇」が日本海溝の水深六五二七メートルまで潜航した。現役の潜水調査船の最深記録だ。これは単に「現役」という問題ではなく、水中で相当距離を自力航走でき、観察・記録・採集に優れるという総合点でも「トリエステ」や「アルシメード」を超えるといってよい。世界最高の潜水調査船だ。ここまで来ると「わだつみ」にも匹敵するだろう。いよいよ現実がSFに追いついてきた。

ところで「しんかい六五〇〇」はどうして〝六五〇〇〟なのだろう。世界でトップクラスの潜水船の最大潜航深度を見ると、アメリカの「アルビン」は四〇〇〇メートル、さらにアメリカの「シークリフ」、フランスの「ノチール」、ロシアの「ミール一号、二号」がともに六〇〇〇メートルだ。ひょっとすると、「しんかい六五〇〇」は世界一の名声を得んがために五〇〇メートルばかり余計に潜れるようにしたのではないか、これを下衆（げす）の勘繰りというのだろうか。

「しんかい六五〇〇」の最大の使命はやはり地震がらみだ。日本列島の宿命ともいえる海溝型巨大地震、そのメカニズム解明こそ最大のミッションであり、その鍵となるものが水深六五〇〇メートルにある。〝六五〇〇〟は決して国威発揚ではないのだ。

では、その水深六五〇〇メートルにある鍵とは何か。『日本沈没』では小笠原北方にある無人島の沈没が鍵だった。現実世界では何が鍵なのだろう。

銚子の東沖約一五〇キロにある第一鹿島海山がいま日本海溝にずり落ちている。第一鹿島海山は約一億二〇〇〇万年前に赤道太平洋で誕生した海底火山が海底移動で日本海溝までやってきたものだ。本来なら富士山のような円錐形の山体だが（比高約三〇〇〇メートル）、西半分が海溝内に一六〇〇メートルも落ちている。いずれ海山全体が日本海溝に呑み込まれるのだろう。

第一鹿島海山は、海洋底の移動と沈み込み、すなわちプレートテクトニクスの有力な証拠として注目されてきた。その現場証拠である海山基部が水深六五〇〇メートルというわけだ。「しんかい六五〇〇」を「六五〇〇」たらしめた理由である。

「しんかい」にこめられた思い

閑話休題。「しんかい二〇〇〇」や「しんかい六五〇〇」は一朝一夕にできたわけではない。アメリカで名潜水船「アルビン」（当時二〇〇〇メートル級）の完成した一九六四年、日本では「よみうり」が完成したが、最大潜航深度はわずか三〇〇メートルだった。六〇〇メートル級の「しんかい」の完成が五年後の一九六九年。人類が初めて月に行った年だ。

この年、国内の大手重工メーカーは本格的な深海調査船の建造を計画した。それから「しんかい二〇〇〇」まで一二年、「しんかい六五〇〇」までは二〇年の歳月が過ぎた。この二〇年の間、計画の実現に心血を注いでこられた方々の情熱には頭が下がる。中には世界最高の潜水船の晴れ姿を見ずに鬼籍に入られた方もいる。そのお一人のお考えをしかと胸に受けとめたい。「現在、我が国の若者の多くは国の前途にこれといった希望をもっていないようだ。ただ、享楽的に人生を過ごせばよいといった風潮がある。この青少年達に健全な夢を与える意味でも、世界に誇れるような深海潜水調査船を建造して人類未踏の深海底を探索することは重要な国の責務と思う」（故緒明亮乍氏：日本深海技術協会の大野檀氏による）

おそらく私くらいの世代が「この青少年達」の第一世代に相当するだろう。「ラララ、科学の子」と『鉄腕アトム』の主題歌を口ずさんで育った世代だ。潜水調査船の恩恵を当然のように享受している以上、先人の思いを受け継ぎ、発展させねばならない、と胆に銘じる。そして、次の世代に伝えなければならない、と。

新たな挑戦、深海ロボット

さて、いくら「しんかい六五〇〇」でも超一万メートル級のマリアナ海溝底には到達できない。では「しんかい一一〇〇〇」を作ればよいではないか。深海研究者の一人として、そういう声は大変ありがたい。しかし、巨額の建造費はけっきょく納税者の負担になるわけで、より多くの方々の賛同が必要である。本書がそれに少しでも役立てば幸いなのだが……。

それでも、地球最深部への思いは熱い。何だかんだと、一万メートル級の無人探査機を作ってしまったのだから、関係の方々の情熱には頭が下がる。無人探査機というと無味乾燥だが、深海ロボットと呼んだらどうだろう。形こそロボットらしくないが、眼もあれば手もある腕もある。いや、ロボットというより遠隔操縦型モビルスーツといったほうが適切か。母船上の操縦席と一万メートル下の探査機は異所同体。パイロットの腕の動きがそのまま探査機の腕に伝わる。

この無人探査機は「かいこう」という名前だった。先輩の三三〇〇メートル級「ドルフィン3K」を発展させたものだ。いずれも母船とケーブルで結ばれているが、海中での動きは有人潜水船より自由自在だ。しかし、そのケーブルの扱いが大変で、「かいこう」ともなるとケーブル長は一二キロメートルにもなり、それ専用の格納庫が必要だった。バレーボールができるくらいの広さ・高さで、屋上にはヘリコプターが降りてもよいくらいだ。ケーブル巻取り機（ウインチ）も大がかりで、直径一・四メートルだった。さらに、保管用ウインチだと直径四・五メートルにもなった。

そして世界最深へ

「かいこう」の超一万メートルへの挑戦は楽ではなかった。一九九四年三月一日、マリアナ海溝への初挑戦で着底寸前、海底まであと二メートルというところで画像が途絶えた。信号系統がダウンしたのだ。以来、原因究明と問題解決に多くの頭脳が昼夜を忘れて取り組んだ。

幾多の困難を乗り越えた結果、わずか一年後の一九九五年三月二一日、ウォーミングアップで水深一万九〇八メートルの着底に成功した。そして、本番の三月二四日午前一一時二二分、チャレンジャー海淵の世界最深部に着底した。正確な位置は北緯一一度二二・三九四分、東経一四二度三五・五四一分、「トリエステ」の着底点より東方に約四〇キロ離れている。水温と塩分で補正した水深は一万九一一メートルだった。自由落下・浮上式の深海カメラを除いて、ひさしぶりに見る世界最深部だ。ケーブルで伝送される映像はもちろんリアルタイム、世界初の最深部生中継。この映像は直ちに公表され、翌日にはお茶の間でご覧になった方も多いはずだ。

ついでながら、「かいこう」による測深（一万九一一メートル）は一九五九年の「拓洋」記録の確認・補正にもなった。しかし、これが本当に最深なのだろうか。この広い海にはもっと深いところがあるのではないだろうか。そんな期待もちょっとは残したい。さらについでながら、ジュール・ヴェルヌの『海底二万里』によると世界最深部は水深一万六〇〇〇メートルである。

深海へのパスポート

「かいこう」は無人探査機だが、「しんかい二〇〇〇」や「しんかい六五〇〇」は有人潜水船だ。では「しんかい」に乗るにはどうしたらよいのだろう。

「しんかい二〇〇〇」や「しんかい六五〇〇」は海洋科学技術センターが所管・運用している。それぞれ年に五〇〜六〇回程度の調査潜航の機会は海洋科学技術センター、国や県などの試験研究機関、そして大学などの学術研究機関に割り当てられる。大学などの場合、東京大学海洋研究所が窓口となって研究計画を公募し、厳しい選考が行なわれ、認められた研究計画にだけ、深海へのパスポートが与えられるのだ。

「アルビン」による調査選考の機会も限られており、主にＮＳＦ（全米科学財団）が窓口となって研究計画を公募する。多くの研究者が「われこそは」と名乗りを上げるが、厳しい選考に残るのはわずかしかない。深海へのパスポートはアメリカでも高嶺（たかね）の花だ。

「アルビン」誕生秘話

日本の潜水船小史ばかり述べないで、外国にも目を向けてみよう。以下、アメリカの「アルビン」を中心に紹介する。

「アルビン」はアメリカ海軍が所有し、ウッズホール海洋研究所が運航している。ピカール父子の「トリエステ」を購入・改造して以来、アメリカ海軍も自前の深海潜水船の必要性を認識した。そして、耐圧殻をアルミ合金で作ることにして「アルミノート」が建造された。当初の予定では、資金は海軍、運航はウッズホール海洋研究所、建造はレイノルズ金属社、という分担だったが、計画調整が難航し、海軍・ウッズホール組とレイノルズ社の交渉は物別れに終わった。結局「アルミノート」はレイノルズ社が独自で建造・運航することになった。建造される前から「アルビン」の宿命のライバルだったのだ。しかし、この「アルミノート」が後に「アルビン」を助けることになる。「アルミノート」の後、ウッズホール海洋研究所はもっと科学調査向きで小回りのきく潜水船を設計し、一九六四年六月五日に進水式を行なった。この計画推進の中心であったアリン・バイン（Allyn Vine）博士にちなんで「アルビン」（Alvin）と命名されたが、当時「シマリス」という漫画が流行っていたことも博士は知っていた。実際、「アルビン」はシマリスのアルビン」というシマリスみたいに可愛らしいのだ。

「アルビン」の最初の母船は双胴船（カタマラン）の「ルル」だった。ルル、とはバイン博士のお母さんの名前である。これでこそ「母」船といえるわけだ。また、ル・ルと同じ音が重なるのも双胴船らしい、と考えられたそうだ。ただ、お母さん本人は船や海がとても好きというわけではなかったらしい。一九八三年から「アルビン」の母船は「アトランティス二世」に替わっている。

トイレはHERE

「アルビン」でもトイレは大問題だったらしい。結局、オシッコは筒のような瓶のような容器に入れることにした。この容器はHERE（Human Element Range Extender）と命名されたが、まさに「ここにどうぞ」である。

ちなみに潜水船内は禁煙だ。貴重な酸素をタバコの煙に変えるわけにはいかない。ヘビースモーカーの方々には苦しいだろうが、潜航調査の感動は禁煙の苦労をおぎなって余りある。

お酒は積んでないが、コーヒーならOKだ。コーヒー党（中毒?）の私には大変うれしい。でも飲みすぎると、HEREやオシッコ袋のお世話になりすぎ、そのうち足りなくなるかも。

ちなみに、人間は尿意を催してから一、二時間は我慢できるとのこと。深海での恐怖はふつうなら水圧に押し潰されること（implosion）だが、この場合は破裂（explosion）が恐ろしくなる。

「アルビン」水爆をひろう

一九六六年一月一七日、スペイン上空でアメリカ空軍の爆撃機と空中給油機が衝突した。爆撃機には水爆が四発搭載されていた。うち三発はスペインの陸地に落ちたが（幸い不発だった）、残り一発はスペイン沖の海中（地中海）に沈んだ。

その頃「アルビン」は点検・整備のため分解中だった。急いで一連の作業を終え、二月一日にはスペイン行きの輸送機に乗っていた。軍用機というのは騒音と振動がひどいものだ。おまけに、途中でプロペラが不調になりグリーンランドで着陸もした。大変なフライトの果てにスペインに着いたものの、最初の試験潜航で電池に海水が入ってしまった。飛行中の振動でネジが緩んでいたのだ。修理には三日かかった。

行方不明の水爆探しは二月一四日に始まった。一週間たち二週間たっても見つからない。

「ちょっと待て、何か見える」「何が」

「よくわからない……ちょい左だ、あぁ、通り過ぎちまった」「だから何を」

「右だ、よしっ、あいつだ」「何だ」

「……缶カラさ」「もう少し接近しよう」

「見りゃわかるんだよ、缶カラさ」「写真撮影だ」

「後進して頭を下げろ……聞こえてんのか、頭を下げろって、上を向いてちゃ写真がとれないだろ」こんな会話はまだおとなしいほうで、日がたつにつれ会話にトゲが含まれてくる。とうとうライバルの「アルミノート」まで導入された。こうなると負けてはいられない。探査開始から一か月後の三月一五日、ついに水爆を発見した。水深八〇〇メートル余り。それから回収作業が始まった。

回収には無人機CURV（Cable-controlled Underwater Recovery Vehicle）も加わった。CURVとの共同作業も順調に進み、四月六日、水爆は無事に回収された。「アルビン」は計三四回、二二二時間潜航し、水爆とアメリカの威信を回収したのである。

「アルビン」沈む

水爆回収で有名になった「アルビン」だが、今度は自分が回収されることになろうとは。一九六八年一〇月一六日、ケネディ一族の別荘地として有名なコッド岬の南約二〇〇キロ沖で、「アルビン」が沈んでしまったのである。

当時「アルビン」は母船から海面に吊り降ろされるまでハッチを開けっ放しにしていたのだが、このときはケーブルが切れて海面に落下し、海水が耐圧殻内に入ってしまった。乗っていた三名は無事に脱出したが、「アルビン」は水深一五四〇メートルの海底に沈んでしまった。「アルビン」の回収には「アルミノート」が活躍した。あるときはライバル、そしてあるときは盟友として助け合えるのは海に働く者の心意気だ。一九六九年九月一日、沈没から一〇か月半ぶりに「アルビン」が海面に戻ってきた。回収成功だ。

脱出した三名は「アルビン」に忘れ物をしていた。お弁当だ。でも、冷蔵庫に入れたって一〇か月も放っておいたら腐ってしまう。あのお弁当ももう腐ってるかもしれない。ところがお弁当を見てびっくり、腐ってないどころか、今でも食べられそうなほど保存状態がよかった。しかし、海底の水温(三度)と同じ温度で冷蔵庫に入れたところ、数日で腐ってしまった。

これに着目したのはウッズホール海洋研究所の微生物学者ヤナッシュ博士だ。博士は「深海では物が腐りにくい、腐るというのは微生物による分解だ、すると深海では微生物の働きが抑えられているのだろうか」と考えた。そして、深海の現場にいろいろな栄養物を持っていき、そこの微生物の活性を調べはじめた。深海現場実験のはじまりである。これにより、深海微生物学は新しい局面を迎えることになった。

ヤナッシュ博士は「アルビン」の沈没事故を単なる教訓とは見ていない。博士にとって、あの事故はセレンディピティ(思いがけない幸運)だったのだ。

幻の深海微生物バチビウス

深海微生物学の発展はこのようなセレンディピティで加速したのだが、深海微生物学の幕開けにもいささかのエピソードがある。

今から一五〇年ほど前（一八四〇年代）、水深六〇〇メートルより深いところには生物はいないという「深海無生物説」が流布していた。しかし、この説に賛成できない学者がいた。トーマス・ハクスレーである。ハクスレーはアルコール保存した海底の泥の中に、現在ではココリスと呼ばれるプランクトンの遺骸を見つけ、これを深海独特の微生物と考えた。さらにココリスを包む白い粘液に注目した。

折しも一八五〇年代はダーウィンが進化論を展開した時代で、ハクスレーは〝ダーウィンの番犬〟と揶揄（やゆ）されるほど進化論を擁護した。ハクスレーはまた、ドイツの動物学者ヘッケルの系統説（高等生物は下等生物から進化した）にも傾倒した。彼がココリスの白い粘液を原始的な生命（始原粘液）と考えたのも無理はないだろう。ハクスレーはついに始原粘液を動物学的に記載・分類し、バチビウス（深海の生命）と命名した。一八六八年のことである。

しかし、バチビウスは、深海無生物説ともども、真実を前にして舞台を下りなければならなかった。近代海洋学の誕生に与る「チャレンジャー大航海」において、まず深海底から生物が採集され、深海無生物説には終止符が打たれた。そして、バチビウスの白い粘液は海水中の有機物と硫酸カルシウムのアルコール沈殿であることがわかった。ハクスレーは潔く誤りを認め、世界初の深海微生物は短い命を終えた。

深海微生物が昔の生命との関連で再び論じられるには、この後七〇数年を経た一九五〇年まで待たなければならなかった。海洋微生物学の父と称されるクロード・ゾベル教授とその後継者であるリチャード・モリタ教授（当時大学院生）が、水深五〇〇〇メートルの深海底堆積物の七〜八メートル層（約一〇〇万年前に相当）から微生物を回収し生き返らせた。これは当時の新聞でも話題になった。なお、モリタ教授は日系二世として初めて米国の大学教授（オレゴン州立大学）になっている。

FAMOUS計画

さて、「アルビン」のエピソードはまだ続く。

大西洋のちょうど真ん中を南北に海底大山脈が走っている。その位置や走り方は、北米とヨーロッパ、南米とアフリカのちょうど真ん中になる線を正確になぞっている。この海底山脈は大西洋中央海嶺と呼ばれている。ここにはかつて一つの超大陸（パンゲア）があったが、中央海嶺の線で左右に引き裂かれ、その裂け目が広がってできたのが大西洋だ、という説（プレートテクトニクス）がある。

フランスとアメリカが共同で、プレートテクトニクスの現場検証をするために、この大西洋海底山脈の尾根の調査を計画した。尾根といっても、大西洋中央海嶺の中軸部は凹地（リフト）になっていて、尾根らしくはない。この調査計画はＦＡＭＯＵＳ（French-American Mid-Ocean Undersea Study）と略称されたが、本当に「有名に」なった。フランスの潜水船「アルシメード」と「シアナ」、アメリカの「アルビン」が勢揃いする豪華な調査だったからだ。一九七四年、ＦＡＭＯＵＳ計画はスタートした。

「アルシメード」はかつて「トリエステ」とともに超深海潜水船として勇名を轟（とどろ）かせたが、寄る年波には勝てず、また、機動性（小回り）の点でも後継者に地位を譲りつつあった。そして、このＦＡＭＯＵＳ計画が最後のミッションとなった。引退の花道は、調査分担地のリフト北部の海底地形を精査し、ビーナス、ジュピター、プルトーなどの大きな山を発見したことだ。

「アルビン」割れ目にはまる

アメリカの分担はリフト南部。ここにはリフト北部のような目だった山はなく、むしろ溶岩が海底を覆うように広がっている。いわゆるシートフローだ。そのところどころに割れ目が走っている。大きい割れ目だと「アルビン」が何とか入っていけそうだ。

「アルビン」の船幅は二・六メートル。これが幅一〇メートル足らずの割れ目に入っていこうというのだから、その勇気と研究への熱意には恐れ入る。そのとき乗っていたのは海洋地質学者と火山学者（「アルビン」はパイロット一名、観察者二名）。こんなことをいうと怒られるかもしれないが、火山学者には勇気というか蛮勇の気質があるように思える。そういう人が火山学を志すのか、火山学という学問がそういう人を育てるのか。

とにかく「アルビン」は割れ目に入った。割れ目の中に何があるのか、何が起きているのか、それを見たい一心で先へ先へと進んでいく。もう少し先へ、もう少し……。カンッ、と乾いた音が響いた。とうとう恐れていたことが起きた。

「アルビン」は割れ目にはまってしまった。フランスの潜水船が救助に来てくれるかもしれないが、どうやって救助するのだろうか。乗り移るわけにもいかないし、「アルビン」を引っぱり出すこともできそうにない。スペイン沖で水爆を回収したCURVはどうか。いや、それよりも自力で脱出してみよう、ということになった。「アルビン」には非常モードで七二時間分の備えがあるし、いざとなったら最後の手段がある。船体を捨て、人間の入った耐圧殻だけを浮上させるのだ。今までやったことはないが……。

船体を左右に振っては後進し、後進しては左右に振る。これを繰り返し、二時間半の悪戦苦闘の末、「アルビン」は割れ目から抜け出した。よくよく話題を提供してくれる潜水船である。

事実はSFを超えるか

「アルビン」の危機一髪物語はまるでSF小説のようだ。事実が小説を超える時代だといわれるが、SF小説もまだ捨てたものではない。その中でも深海SFの代表作といえばやはりジュール・ヴェルヌの『海底二万里』とアーサー・C・クラークの『海底牧場』になるだろうか。

『海底牧場』では、宇宙恐怖症になった元宇宙飛行士が深海に転職し牧鯨者（ホエールボーイ）になるが、これが天職だったらしい。十分ごとに潜水艇を浮上させて潮を吹かないと、窒息してしまうような気分になるという〝鯨憑き〟まで経験するようになった主人公は深海で大活躍をする。

一方、深海SF映画にも傑作がある。深海SF映画といえば『アビス』『ザ・デプス』『リバイアサン』の三作が思い出されるが、これらはいずれも一九八九年に公開された。似たような映画がほぼ同時に封切られ、それがいずれもヒットしたのも珍しいことだろう。実は一九八九年というのはマリンバイオ元年ともいわれる年で、バイオテクノロジーが海洋生物資源に目を向けた頃である。こうした時代背景が深海SFブームを引き起こしたのだろう。

ついでながら『ザ・デプス』の原題は『DEEPSTAR SIX』という。映画のDEEPSTAR SIXとは海底に設置された原子力実験基地のことだが、Deep Starはどうも語呂がいいらしく、アメリカには「ディープスター四〇〇〇」という潜水船があったり、日本でも「ディープスター」という深海微生物研究プロジェクトが進行中である（海洋科学技術センター）。ただ、映画の原題DEEPSTAR SIXはdeep six（海葬）という英語表現を思い起こさせ、ただならぬ雰囲気を醸している。

日本の深海SFの草分けは浦島太郎だと思うが、代表作はやはり先述した『日本沈没』の第一章、九〇〇〇メートル級の潜水船「わだつみ」が海底異変を発見するくだりだろう。この点、事実が小説を超える日は来るのだろうか。

「スーパーしんかい」は可能か

今のところ、日本の「しんかい六五〇〇」が世界で最も深くまで（水深六五〇〇メートル）行ける潜水調査船だ。全海洋で水深六五〇〇メートルを超えるところは面積にして約二パーセントしかない。したがって、「しんかい六五〇〇」は全世界の海洋の約九八パーセントを調査することができる。

人間にあくなき好奇心と挑戦心がある限り、世界最深部まで潜ってみたいと思うだろう。

かつて「トリエステ」がマリアナ海溝底に達したのは一九六〇年。以来、技術革新はめざましく、当時よりもはるかに高性能の潜水船を建造することができる。当時とは比較にならないほどの精度ではるかに多くのデータを得ることができる。やはり、超一万メートルの海底へもう一度行ってみたいと思うのは当然だろう。

しかし、問題はこれからだ。超一万メートル級の潜水船ともなれば、その建造費は莫大な額になろう。あとわずか二パーセントの海底を調べるために、そんな巨費を投じる必要があるのだろうか。その上、われわれは既に超一万メートル級の無人探査機「かいこう」を持っている。あえて有人の潜水船を建造する必要はあるのだろうか。つまり、超一万メートル級の潜水船「スーパーしんかい」の建造は技術的には可能だが、社会的・政策的にも可能だろうかという疑問である。

それでも私はあえていいたい。できる限り自分の眼で観察するべきだと。「スーパーしんかい」建造により技術開発への波及効果や深海研究の総合的発展ももちろん期待できるが、何よりもやはり、われわれが活動の範囲を世界最深部にまで広げ、必要とあらばいつでもどこでも調査できる能力を持つことも必要ではないだろうか。

ヴィクトル・ユゴーの言葉をもう一度紹介し、一人でも多くの方のご理解を仰ぎたい。

「海の内部を見ること、それは〝未知〟への想像力を見ることである」

参考文献・資料

本文で参考にしたインターネットサイト（二〇一三年六月現在）
http://www.jamstec.go.jp　海洋科学技術センター（ＪＡＭＳＴＥＣ）
http://www.whoi.edu/　ウッズホール海洋研究所（ＷＨＯＩ）
http://wwz.ifremer.fr/institut　フランス国立海洋開発研究所（ＩＦＲＥＭＥＲ）
http://www.nsf.gov/#1　全米科学財団（ＮＳＦ）熱水生物の幼生分散調査
http://earthquake.usgs.gov/　米国地質調査所　地震情報センター（ＵＳＧＳ　ＮＥＩＣ）
http://nssdc.gsfc.nasa.gov/planetary/viking.html　米国航空宇宙局（ＮＡＳＡ）バイキング計画
http://voyager.jpl.nasa.gov/　米国航空宇宙局（ＮＡＳＡ）ボイジャー計画
http://www.volcano.world.org/　プレートテクトニクス

本文で参考にした主な文献・作品

「JAMSTEC深海研究」および「しんかいシンポジウム報告書」（海洋科学技術センターから年一回発行）に所収の諸論文
「JAMSTEC」（海洋科学技術センターの季刊誌）に所収の諸論文
アーサー・C・クラーク『海底牧場』高橋泰邦訳、ハヤカワ文庫SP（原書一九五七年）
アーサー・C・クラーク『2010年宇宙の旅』伊藤典夫訳、ハヤカワ文庫SP（原書一九八二年）
アーサー・C・クラーク『2061年宇宙の旅』山高昭訳、ハヤカワ文庫SP（原書一九八七年）
ヴィクトル・ユゴー『海に働く人びと』（上・下）山口三夫・篠原義近訳、潮文庫（原書一八六六年）
ジュール・ヴェルヌ『海底二万里』荒川浩充訳、創元SF文庫（原書一八六九年）
秋道智彌『海人の民族学』NHKブックス、一九八八年
大隅清治『クジラは昔 陸を歩いていた』PHP研究所、一九八八年
大島泰郎『生命は熱水から始まった』東京化学同人、一九九五年
小林和男『深海底で何が起こっているか』講談社、一九八〇年
小松左京『日本沈没』（上・下）、光文社、一九七三年

「池子シロウリガイ類化石調査」最終報告書、横浜防衛施設局、一九九三年
『クストー海の百科一二深海の探検』平凡社、一九七五年
「深海から生まれた三浦半島」横須賀市自然博物館、特別展示解説書三、一九九四年
『生命 40億年はるかな旅1 海からの創世』日本放送出版協会、一九九四年
「ニュートン」別冊、宇宙と生命、教育社、一九九四年四月

あとがき

まず初めに、海洋研究、特に深海研究は、多くの方々の協力なしには遂行できないことを強調しておきたい。そして、本文でお名前を挙げられなかった全ての方々、特に「しんかい二〇〇〇」「しんかい六五〇〇」の運航チーム、「ドルフィン３Ｋ」「かいこう」の操縦班、「なつしま」「よこすか」「かいよう」のクルーの方々に感謝を申し上げたい。深海研究の現場、潜水船や母船の運航、陸上支援。本書の執筆は本当に多くの方々の協力あってこそ可能になった。

ＮＨＫ出版の向坂好生氏から「深海生物」について執筆するよう勧められたのは、私が広島大学へ移ってからほぼ一年過ぎた頃だった。それまで海洋科学技術センターで行なってきた深海生物・微生物の研究をまとめるのにちょうどよいタイミングだった。

私が深海研究の道に入ったのは海底熱水活動が発見されてまだ間もない頃で、とてもエキサイティングな時期だった。それが第一の幸運だった。しかし、不勉強な私はカリフォルニア大学サンタバーバラ校へ留学して本人に会うまで、そこにチューブワーム研究の大家チルドレス教授がいらっしゃるとは知らなかった。その出会いが第二の幸運だった。

私がサンタバーバラにいる間、日本では鯨の遺骸が発見されていた。帰国後直ちに鯨遺骸の潜航調査に加えていただいた。第三の幸運だった。航海から帰ると、横須賀市自然博物館の蟹江康光博士がチューブワームの化石に関する研究を持ちかけてくださった。第四の幸運だった。

幸運はそれ以降も続いた。どの幸運も周りの方々のおかげだった。その意味でも本書は多くの方々の御指導と御協力の賜物である。

「深海研究」は宇宙開発にも匹敵する未知への挑戦である。当然、巨額の研究費が必要とされ、そのほとんどは国税でまかなわれている。つまり、深海研究は、直接の関係者だけでなく国民全員に支えられているといえる。その意味で、深海研究の成果は国民の共有財産である。本書により一人でも多くの読者に深海研究への理解と関心を深めていただけたなら、そして、深海研究の驚きと感動を共有していただけたなら、これにまさる喜びはない。

この機会に、私を深海研究に導いてくださった筑波大学の関文威先生、東京大学の太田秀先生、地質調査所の本座栄一先生、海洋科学技術センターの堀越弘毅先生、堀田宏先生、橋本惇博士に心より御礼を申し上げます。最後に、私をいつも支えてくれる先輩、友人、学生諸君、両親、そして妻に感謝します。

一九九六年七月　初島沖の調査船「なつしま」にて

長沼　毅

文庫版あとがき

このたび、NHKブックスのときには入っていなかったカラーページを加え、『深海生物学への招待』が文庫となった。

この本は私にとって初めての「自分の本」だった。私が三四歳のときにNHKブックスから出版の話があって書きはじめ、三五歳のときに出版した（一九九六）。私は初著書の執筆に胸躍り、あるいは緊張し、筆が進みすぎて要らぬことを書いたり、あるいは事実関係の確認に手間取って筆が遅くなったり、いかにも慣れていない書き手だった（今でもそうだが）。しかし、文庫化に際して読み返すと、三十代の初心者ゆえの瑞々しさ、そして、熱い思いが随所に見られる。あのときの鮮度と情熱はまだ私にあるだろうか。

あれから一七年、深海生物学には大きな進歩があったし、深海生物に関する本もたくさん出版された。ここで、それらをざっと眺めてみよう。

まず、本書のスター生物であるチューブワーム、その中でも一九七七年にガラパゴス沖の海底で初めて見つかったチューブワーム（本書一七ページ）。これの共生バクテリアはいまだに培養できていないが、とりあえず「エンドリフチア」という名前が与えられ、そのゲノム（遺伝子の総体）が調べられた。というのも、この十数年間におけるDNAテクノロジーの進歩は凄まじく、培養せずともゲノム解析ができてしまうのだ。その結果、エンドリフチアが行なう「化学合成」にはカルビン回路以外の経路もあることがわかったので、その部分を書きなおした（本書一一二ページ）。

チューブワームは体内に共生バクテリアが詰まっている。もし、同じことが人間に起きたら、腹膜炎や胸膜炎などの感染症になるところだ。しかし、チューブワームは感染症にならない。その秘密を解明すれば、人間の感染症の予防や治療といった方面に発展させられる。チューブワームは医学においてもスター生物になりつつあるのだ。

次に、チューブワームの分布拡大において重要な役割を果たすと考えられる鯨骨（本書一四四ページ）。二〇〇二年に鹿児島県の薩摩半島に多数のマッコウクジラが座礁して死亡した。そのうち一二頭の遺骸が薩摩半島沖の海底（水深二一九〜二五四メートル）に置かれ、そこに鯨骨生物群集が形成される様子が観察された。この鯨骨にはチューブワームの仲間が生えてきた。しかし、それは化学合成をするのではなく、体内の共生バクテリアが鯨骨を溶かして栄養にするので「ホネクイハナムシ」と命名された。骨を食う花のような虫という意味で、怖いのと美しいのが綯い交ぜになった名前だ。

実は、やはり二〇〇二年、米国カリフォルニアのモントレー湾でも鯨骨に同じ生物が発見されていて、英語では「ゾンビワーム」と呼ばれた。鯨骨には他にも多彩な新種生物がたくさん発見され、重要な深海オアシスとなっていることがさらにわかってきている。

さて、生物だけでなく、潜水船のほうも見てみよう。わが青春の「しんかい二〇〇〇」は二〇〇四年に退役し、今は新江ノ島水族館に展示されている。「しんかい六五〇〇」のほうは二〇一二年の大改造でパワーアップ、今まさに世界一周海底調査「Quelle2013」をしているところだ。かつて世界最深部に到達した無人機「かいこう」(本書五〇ページ)は二〇〇三年に本体の主要部を喪失し運用が終わった。が、後継機として現在は七〇〇〇メートル級の「かいこう七〇〇〇II」が稼働している。

海外に目を向けると、米国の潜水船「アルビン」は、来年(二〇一四)に五〇周年を迎えるというのに今でも健在どころか、六五〇〇メートル級にアップグレードしている最中だ。

さらに、映画『タイタニック』(一九九七)のジェームズ・キャメロン監督は、二〇〇一年のロシアの潜水船「ミール1」および「ミール2」に乗ってタイタニック号を3D撮影し、『ジェームズ・キャメロンのタイタニックの秘密』(二〇〇三)を作ってしまった。これに味をしめたのか、彼はついに二〇一二年、世界最深部に一人乗りの「ディープシー・チャレンジャー」で潜ってしまったのだ。一九六〇年の「トリエステ」（二人乗り）による到達（本書二二一ページ）以来、半世紀ぶりの快挙である。

最深記録といえば、二〇一二年、中国の潜水船「蛟竜号」が水深七〇六二メートルの海底に到達し、「しんかい六五〇〇」の記録を抜いて、現役では世界一となった。中国の深海進出にはマンガン団塊など海底資源探査の意図がはっきり示されている。まだ試験段階にあると思われるが、これから本格的に活発化するだろう。深さの記録は破られたものの、長年の経験と技術を有する日本の深海グループが中国と協力し合えることを期したい。

思えば一七年前は日本に深海生物学の本はなかった。『深海生物学への招待』が事実上、日本初の深海生物本であった。それ以来、この一七年の間に多くの研究成果が挙がり、多数の本やDVDも出版されてきた。どれも素晴らしい写真やイラスト、あるいは動画をふんだんに使っており、ビジュアルだけで魅せられてしまう。こうなると、昨年（二〇一二）に絶版になった非ビジュアルなものを復刻・文庫化しても時代遅れに思えてくる。

しかし、こうして読み返してみると、深海生物たちが繰り広げる、たくましい生命のドラマはやはり文章のほうがよりよく伝わるようにも思える。いってみれば、深海ドラマを楽しむのに、ドラマの俳優の写真集があってもよいし、ドラマのもとになった小説があってもよい。本書は後者のほうだ。しかも、前者は数あれど、後者は今でもまだ少ない。ここに本書の価値があると信じ、若干の改訂と追加をして、再びこの深海ドラマを送り出そうと思う。あの頃のワクワク、ドキドキ感を、もう一度、皆さんと分かち合いたくて。

最後になりましたが、この本の企画から編集までお世話してくださった袖山満一子さんに厚く御礼を申し上げます。

二〇一三年六月「しんかい六五〇〇」潜航の世界初ライブ中継を目前にして

長沼　毅

この作品は一九九六年八月日本放送出版協会より刊行された
ものに加筆修正し、新たな原稿を加え、再構成しました。

深海生物学への招待

長沼毅

平成25年8月1日　初版発行

発行人――石原正康
編集人――永島賞二
発行所――株式会社幻冬舎
〒151-0051東京都渋谷区千駄ヶ谷4-9-7
電話　03(5411)6222(営業)
　　　03(5411)6211(編集)
振替00120-8-767643
印刷・製本―株式会社　光邦
装丁者――高橋雅之

幻冬舎文庫

ISBN978-4-344-42069-4　C0195　な-30-1

幻冬舎ホームページアドレス　http://www.gentosha.co.jp/
この本に関するご意見・ご感想をメールでお寄せいただく場合は、
comment@gentosha.co.jpまで。